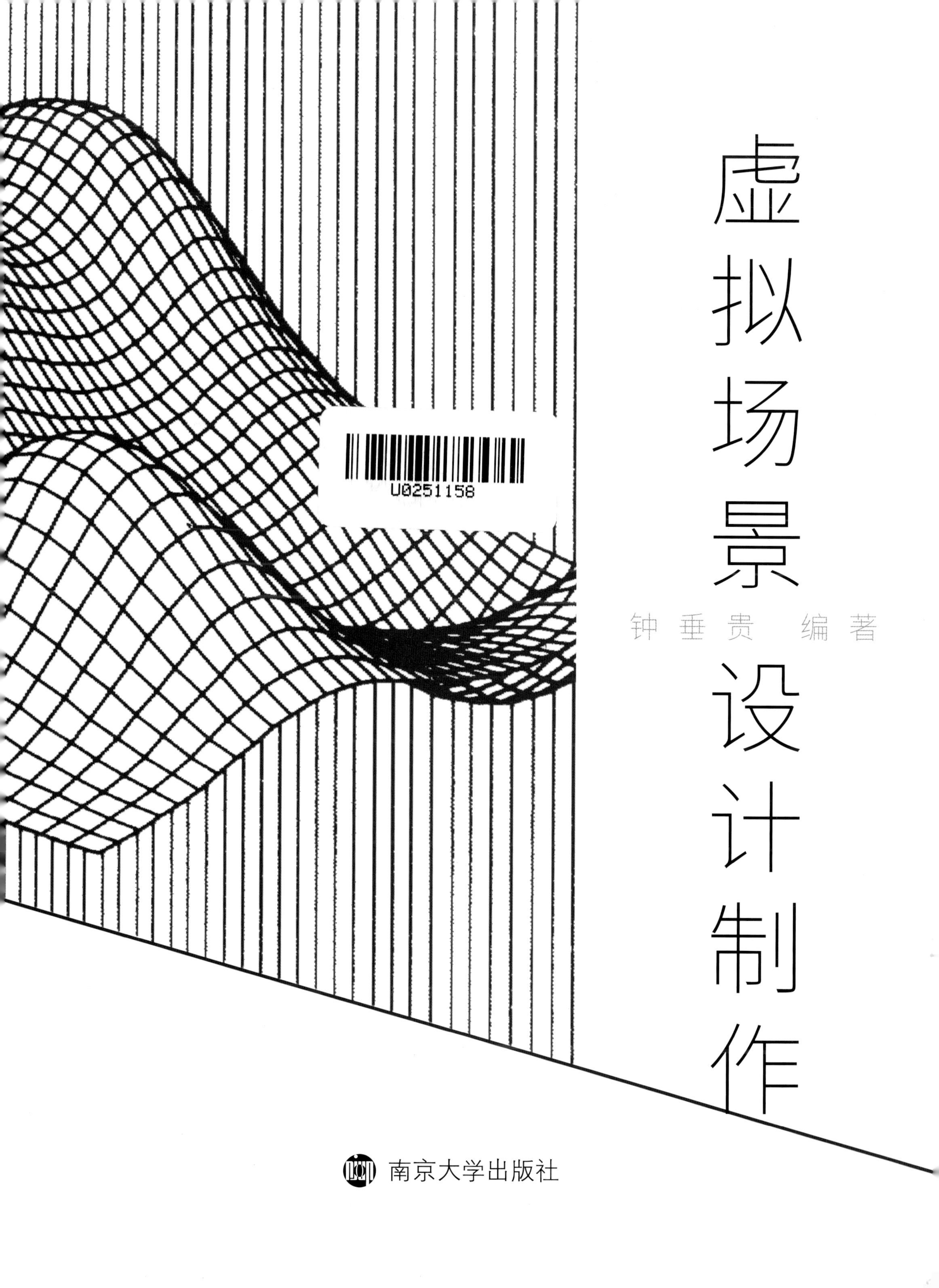

虚拟场景设计制作

钟垂贵 编著

南京大学出版社

图书在版编目（CIP）数据

虚拟场景设计制作 / 钟垂贵编著 . -- 南京：南京大学出版社，2019.1

ISBN 978-7-305-21492-9

Ⅰ . ①虚… Ⅱ . ①钟… Ⅲ . ①三维动画软件 Ⅳ . ① TP391.414

中国版本图书馆 CIP 数据核字（2019）第 012777 号

扫一扫可看案例视频

出版发行　南京大学出版社
社　　址　南京市汉口路22号　　　　邮　编　210093
出 版 人　金鑫荣

书　　名　虚拟场景设计制作
编　　著　钟垂贵
责任编辑　张明珠　刁晓静　　　　编辑热线　025-83592123

照　　排　南京新华丰制版有限公司
印　　刷　南京凯德印刷有限公司
开　　本　880 × 1092　1/16　印张　7　　字数　160　千
版　　次　2019年1月第1版　2019年1月第1次印刷
ISBN 978-7-305-21492-9
定　　价　46.00元

网址：http://www.njupco.com
官方微博：http://weibo.com/njupco
微信服务号：njuyuexue
销售咨询热线：（025）83594756

前 言

虚拟场景设计制作是现代设计艺术中具有广泛性和前沿性的数字媒体艺术设计形式之一，它伴随媒体技术与媒体艺术的发展而发展。虚拟场景设计依托行业，是三维空间设计领域必备的设计艺术与技术，虚拟场景设计制作课程被设置为高等院校数字艺术和影视动漫等相关专业的必修课程。此课程的教学目的是学习虚拟场景设计的思维方法和基本技巧，熟知虚拟场景设计流程，全面掌握虚拟场景制作的基本技能，提高学生的空间艺术设计技能的应用能力、拓宽数字空间艺术创作知识面、提高数字空间作品解读能力和建立审美素养。

在编写上，本教材以培养技能型、知识型、发展型人才的基本理念为宗旨，从适应高等院校学习的角度出发，阐述基本的理论知识，介绍虚拟场景设计的基本概念，通过课程的实训作业，达到设计完稿能力的锻炼，强调虚拟场景设计的应用。

在内容和形式的编写方面，教材以虚拟三维技术与虚拟空间创意实践为前提，注重知识性、实践性，通过大量的虚拟场景图片案例展示，从虚拟场景设计的基础理论及应用技术、场景设计制作技术到三维场景设计案例分析，全面介绍虚拟场景设计的基础知识和基本实践技能，使学生在有效的课时内学习和掌握虚拟场景设计的理论与技能。

虚拟场景设计制作作为一门年轻的数字艺术设计课程，市场上关于该课程的教材，从软件技术层面讲述的居多，缺少对虚拟场景理论及创意讲授。在此情况下，我们编写了这本教材，教材从虚拟场景的设计思维方式入手，通过对基本概念、表现技法等方面进行系统整理，呈现虚拟场景设计中创造性思维的关键点，以及展示如何依靠创意思维的方法与手段进行虚拟场景的创意设计。数字媒体技术日新月异，虚拟场景设计也随之不断前进，我们需要不断完善与丰富，需要不断实践与探索。特别是在教师与学生互动性教学实践中，更需要不断地发现问题和解决问题，以充实教材与课程的知识含量。

本书由上海出版印刷高等专科学校钟垂贵老师负责，受到高等职业教育创新发展行动计划（2015—2018年）XM-01-01数字媒体艺术设计重点专业建设项目的资助。在本书编写过程中，我们得到了相关企业在虚拟场景创意案例、虚拟空间艺术的前沿技术等方面的大力帮助，钟青老师协助进行了细致的文稿整理，以及为本书编写提供设计案例的孙仪赟、季文婕、张玉同学，在此一并表示感谢。同时感谢上海装帧创意转化与研发平台提供的书籍装帧设计。

由于编者水平有限，书中难免有不足之处，恳请广大读者和专家同仁批评指正。

编者

2018年11月

目录

第一章　知识篇　001

第一节　虚拟场景的概念　002
第二节　虚拟场景应用分类　005
第三节　虚拟场景的设计特征　008
第四节　虚拟场景的制作技术　013
第五节　市场分析　015

第二章　三维模型制作技术篇　019

第一节　软件　020
第二节　3D Max应用基础　024
第三节　游戏古建筑三维模型创建　030
第四节　绘制模型贴图　042
第五节　贴图与渲染　051

第三章　场景后期处理篇　063

第一节　软件　064
第二节　软件应用技术　072
第三节　古建筑场景后期处理　087

第四章　虚拟场景案例分析　097

第一节　中国传统四角亭的设计制作　098
第二节　“宝格丽”游戏场景设计制作　102
第三节　其他虚拟场景设计制作案例　107

第一章

知识篇

本书主要讲述三维虚拟场景的设计制作。从三维场景的概念及相关理论出发，进而讲述虚拟场景的三维虚拟技术、后期处理技术等知识，最后分析实践案例，为读者总结分析虚拟场景的设计制作过程和方法。

第一节　虚拟场景的概念

虚拟场景，实际上就是虚构的人文环境。随着虚拟网络技术的发展，虚拟场景也指计算机通过数字技术勾勒出的数字化场景，如图 1-1-1 所示。

图 1-1-1　三维虚拟场景

虚拟场景技术是一种跨学科的新技术，应用领域广泛。通过数字三维技术产生场景，用户可以很方便地浏览各种三维模型场景，使其不再停留在图片上。它是虚拟现实技术、三维技术、计算机图形学、人机接口技术、多媒体技术、传感技术、网络技术等多种技术的集合，是一个富有挑战性的交叉技术前沿学科和研究领域。主要包括模拟环境、感知、自然技能和传感设备等方面。虚拟场景是由计算机生成的、实时动态的三维立体逼真图像。

我们现在所熟知的动画、游戏、广告、建筑设计、三维城市等，都通过镜头来展现作品的内容和表现形式。镜头画面呈现一定的具体环境，这个环境就是本书要谈的场景。

一、虚拟场景的产生与演变

场景分为客观存在的实景和通过数字三维技术、特效等形成的虚拟的场景两种。我们在早期的影视作品和舞台作品中看到的场景，基本上都是属于客观存在的实景——不管是否经过搭建造景，它们都是现实存在的物象。而计算机软硬件的发展为虚拟场景的出现和发展提供了可能，并且虚拟场景在一二十年发展中迅速成为影视、游戏、广告、建筑设计等领域的主要场景表现形式。

在现今的数字虚拟业内，大家普遍认同的数字虚拟技术演变发展史可以分为五个阶段：有声形动态的模拟是蕴含数字虚拟思想的第一阶段（1963年以前）；数字虚拟萌芽为第二阶段（1963—1972）；数字虚拟概念的产生和理论初步形成为第三阶段（1973—1989）；数字虚拟理论进一步的完善和应用为第四阶段（1990—2004）；数字虚拟技术广泛应用到社会各个领域，并且技术发展较成熟的近阶段为第五阶段（2005—至今）。

三维虚拟场景在影视、游戏动漫、CG、环境设计、城市规划等艺术设计创作中有其独具一格的艺术特色，在众多产品开发中应用非常广泛，有规范的制作流程，它表述的整体含义是角色活动的基本载体和人类生活特定的空间环境。二维场景更注重整体画面的色彩关系及环境氛围的直观印象；三维场景则强调高度、宽度及深度构成的重要造型元素，它可以是现实空间环境，也可以是非现实空间环境。三维场景设计师根据产品定位结合文案需求，运用掌握的三维制作规范流程及技巧，架构虚拟世界的自然景观和角色的生活环境。

二、虚拟场景的艺术表现形式

随着三维虚拟制作技术在游戏、影视、动漫及空间设计等领域的深入应用及对其需求的不断提高，三维场景构成的画面越来越精美，场景的设计理念也越来越丰富和多样。随着三维技术和艺术表现的完美结合，场景空间结构设计的不同风格在众多开发产品应用中得到多元化、多方位的拓展，三维场景独特的制作技巧及规范流程可分解成三个突出的艺术表现形式：二维虚拟场景（2D）、多维虚拟场景（2.5D）及三维虚拟场景（3D）。下面我们分别对这三个艺术表现形式进行简述。

（一）二维虚拟场景（2D）

二维虚拟场景主要是指场景画面中出现的所有的设计元素都是基于平面的设计，美术风格的定位根据不同场景采用不同的绘制技巧及制作规范。虽然三维场景在当前得到全方位的发展，应用的领域也比较广泛，用户也习惯体验效果绚丽的三维场景画面和纵深空间，但不可否认，二维场景精美的画面和丰富的细节还有其顽强的生命力及市场影响力，例如经典游戏《雷曼传奇》的场景空间结构设计，明快靓丽的场景氛围就是二维场景的标杆，如图1-1-2所示。

图1-1-2 《雷曼传奇》场景

图 1-1-3　二维场景

二维场景更多地被应用在动漫设计、平面广告、场景概念设计等各个模块，二维场景在艺术表现形式上要求美术师对绘画技巧、色彩运用、空间结构理解等方面有较高的审美意识及创作构思能力。市面上也出现了很多脍炙人口的二维影视、游戏、广告、室内外设计等产品，逐步得到了市场的高度认知及纵深发展，如图 1-1-3 所示。

（二）多维虚拟场景（2.5D）

假三维场景是一种比较特殊的场景，又称“假 3D”或 2.5D。它介于二维和三维场景之间，主要有两种构成模式，即三维角色结合二维背景和二维角色结合三维背景。三维角色及三维背景有明确的光源变化，场景中存在的所有物件都有光影变化。假三维场景中有比较丰富的色彩纹理及远中近景之间的前后层次关系。假三维室内场景画面效果如图 1-1-4 所示。

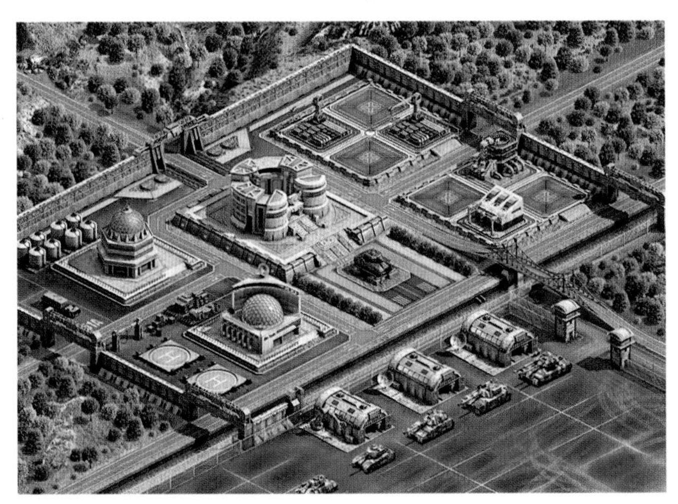
图 1-1-4　多维虚拟场景

（三）三维虚拟场景（3D）

三维虚拟场景是精湛的场景创意设计理念与高端电脑技术的完美结合，逼真的场景交互体验给用户身临其境的感觉，尤其是其强烈的视觉冲击力，形成了独特的三维场景艺术特色。三维场景相对二维场景在深度空间的表现上更具空间感，整体画面效果受场景光源的影响产生不同的环境氛围。当然，三维场景对制作人员的技术能力及其对艺术概念的理解能力的要求更高，对整个画面的色彩、形体结构及场景远中近景各个层次前后变化，各个层次建筑的透视关系、色彩关系、虚实关系的要求也非常明确，如图 1-1-5 所示。

图 1-1-5　三维虚拟场景

第二节　虚拟场景应用分类

虚拟场景技术应用前景广阔，不仅可以通过数字城市的三维建模来实现对城镇的评估、审核、协同合作，还可以应用到游戏场景、室内设计、场馆仿真、地产漫游、文物古迹、道路桥梁、水利电力、数字展馆、网上展馆、应急推演等诸多方面。例如室内设计就是借助虚拟现实技术，把设计者的构思变成以媒体为主要形式的虚拟物体和环境，与传统技术相比，不仅节约资源和时间，更重要的是更加生动精准地表现了设计者的构想，提高了设计和规划的质量与效率。

一、娱乐

现代娱乐形式丰富多彩、各式各样，人们从中获得了极大的精神享受。在数字技术飞速发展的今天，人们的娱乐形式和感受得到进一步的提升，获得了更高层次的享受。三维虚拟场景技术把人们融合到娱乐活动中，使人们获得更强的参与感和身临其境的感觉。例如，丰富的感觉能力与 3D 显示环境使得 VR 成为理想的视频游戏工具，如图 1–2–1 所示。

图 1-2-1　虚拟舞台

二、室内设计

虚拟现实不仅仅是一个演示媒体，而且还是一个设计工具。它以视觉形式反映了设计者的思想。比如装修房屋之前，你首先要做的事是对房屋的结构、外形做细致的构思；为了使之定量化，你还需设计许多图纸，当然这些图纸只有内行人读得懂。虚拟现实可以把这种构思变成看得见的虚拟物体和环境，将以往传统的设计模式提升到数字化的即看即所得的完美境界，大大提高了设计和规划的质量与效率，如图 1–2–2 所示。

图 1-2-2　室内虚拟场景

三、房产开发

三维虚拟技术在房地产开发的设计及销售阶段都有着重要的作用。在设计阶段，设计师为了更直观地感受设计，往往会将设计方案转化为效果图的形式。早期设计师是通过手绘的形式来制作效果图的，随着数字技术的发展，三维虚拟场景技术往往是设计师的首选，因为三维虚拟场景可以随意地切换不同角度来让设计师感受自己的设计方案。在房产开发项目的销售阶段，房产公司为了更直观地让客户感受项目的房屋结构、小区环境等，也会借用三维虚拟技术制作项目的三维效果图及视频，通过三维虚拟鸟瞰、内部漫游、自动动画播放等形式对项目逐一表现，增加了项目讲解过程的全面性和趣味性，如图 1–2–3 所示。

图 1-2-3　房产三维虚拟

四、城市地理

应用虚拟三维技术，将三维地面模型、正射影像和城市街道、建筑物及市政设施的三维立体模型融合在一起，再现城市建筑及街区景观，用户在显示屏上可以很直观地看到生动逼真的城市街道景观，可以进行诸如查询、量测、漫游、飞行浏览等一系列操作，满足数字城市技术由二维 GIS 向三维虚拟现实的可视化发展需要，为城建规划、社区服务、物业管理、消防安全、旅游交通等提供可视化空间地理信息服务，如图 1–2–4 所示。

图 1-2-4　数字城市

五、工业仿真

随着工业现代化的不断发展，工业设备不断向超自动化、智能化方向发展。现在的工业发展速度也是几十年前的几何倍数。很多时候，现代的设备操作超越了过去机床的师徒式教学，更多的是集体化、个性化的培训。在这种情况下，数字化的手段就应运而生并迅速发展。所以，三维虚拟场景技术结合程序开发，诞生了工业仿真系统。工业仿真系统不是简单的场景漫游，而是真正意义上用于指导生产的仿真系统，工业仿真所涵盖的范围很广，从简单的单台工作站上的机械装配到多人在线协同演练系统，如图 1–2–5 所示。

图 1-2-5　工业场景虚拟

六、应急推演

在过去，对于一个事故、灾难，人们想了解它发生的原因、过程及其造成的后果，往往只能使用文字、数据进行阐述，缺乏直观性。现代数字技术的发展，再结合相关科学数据，可以生成一个虚拟的事故或灾害三维场景，它可以是事故或灾害发生前的预测推演，也可以为其后的救援等提供直观的评估手段。虚拟现实的产生为应急演练提供了一种全新的开展模式，将事故现场模拟到虚拟场景中，人为地制造各种事故情况进行分析，组织参演人员做出正确响应，如图 1–2–6 所示。

图 1-2-6 事故场景虚拟

七、文物古迹

文物古迹往往是人类历史文化的承载物，是需要人们对它进行保护的。在很多情况下，我们要保护文物，就需要对其进行研究、修复、展示，而这些过程也许会对文物造成一些破坏。现在，我们利用虚拟三维场景技术，可以将文物的展示、保护提高到一个崭新的阶段，在更加全面、生动、逼真地展示文物的同时，使文物脱离地域限制，实现资源共享，真正成为全人类可以“拥有”的文化遗产，如图 1–2–7 所示。

图 1-2-7 古迹虚拟再现

八、游戏

我们相信，随着三维技术的快速发展和软硬件技术的不断进步，在不远的将来，真正意义上的虚拟现实游戏必将为人类娱乐、教育和经济发展做出新的更大的贡献。

三维游戏场景制作的意义在于创造一个虚拟的三维娱乐世界。一个制作细腻、精美的游戏场景能起到烘托整体游戏气氛，将玩家带入游戏剧情中的作用，使游戏参与者能感悟到游戏策划者想向玩家传递的游戏内涵与游戏文化。好的场景设计可以提升游戏的美感、强化渲染主题，它能够使游戏的效果更加饱满。恰当的场景设计更能为游戏的宣传提升附加值，直接影响着整部作品的风格和艺术水平，如图 1–2–8 所示。

图 1-2-8 游戏三维场景

九、影视动画

影视动画场景设计就是指动画影片中除角色造型以外的随着时间改变而变化的一切物体的造型设计。

在现代的影视动画中，三维虚拟场景技术可谓发挥得淋漓尽致，影视动画也是我们大众较为熟悉的三维虚拟场景的应用阵地。几十年前日本拍摄《奥特曼》动画使用的全实体场景搭建在现代将不再出现，现代技术往往会选用数字虚拟场景结合绿幕角色拍摄，使用后期特效剪辑合成影片，使影片获得更佳的视觉效果，如图 1-2-9 所示。

图 1-2-9　影视三维场景

第三节　虚拟场景的设计特征

虚拟场景是一个多学科综合应用而呈现的一种设计作品，其有独特的设计制作原则和特征，呈现技术与艺术结合的独特魅力，是数字技术与艺术创意思想的交织表现。

一、虚拟场景的设计原则

（一）整体上把握作品主题与基调

总体设计的切入点在于把握整个作品的主题，场景的总体设计必须围绕主题进行，主题反映于场景的视觉形象中。正确完整的思维方式应该是：整体构思—局部构成—总体归纳。具体的做法就是要从调度着手，充分考虑场面的调度，以动作为依据进行设计。要更好地表现场景的视觉形象，就必须找出作品的艺术基调。基调就像音乐的主旋律，无论乐章如何变化，总会有一个基本情调，或欢乐、或悲壮、或庄严、或诙谐，等等。

（二）营造恰当的气氛

气氛的营造是场景设计的第一位。白天、夜晚、明亮、清新、阴暗、诡异等不同的环境和色彩能给人们带来不同的感受。然后就是真实感的实现。这种真实不一定是现实中的真实，结合年代、地域、气候、风俗习惯等客观依据，可以营造出一个虚拟场景中小社会的真实。最后，最重要的一点，就是在真实与夸张之间找到统一和平衡。虚拟场景不必完全再现现实，却能浓缩现实，这种真实感可以说虽来自人类社会却比人类社会更有趣。好的气氛营造、真实感和适当的取舍夸张，构成了虚拟的世界。

（三）场景空间的表现

虚拟场景的空间要素主要包括物质要素（景观、建筑、道具、人物、装饰等）和效果要素（外观、颜色、光源等），利用这些要素可以塑造出想要的空间效果。由于虚拟场景制作手段多元化，使用数字造型软件可以方便地创造出超现实、奇幻的内容。最恰当的虚拟场景设计就是在丰富的场景空间中，能最快地、最准确地传达出信息，突出主题，使参与者在丰富生动的视觉效果作用下，沉浸其中，娱乐其中。

二、虚拟场景的空间构成

（一）单一空间

单一空间是虚拟场景最简单的结构空间，可以是两面墙、三面墙，甚至四面墙，基本上是一种简单的围合空间，上下左右都缺乏空间延伸感，如图 1–3–1 所示。单一空间可利用的角度很少，但可以造成一种压抑封闭的空间感，但如果面积很大，也可以产生空旷、宏伟的感觉，如大殿、厂房。

（二）纵向多层次空间

这是纵深方向多层次的场景，体现场景的纵向延伸感，而左右空间是相对局限的。这类空间的营造主要是为了适应推拉移动镜头的需要，如图 1–3–2 所示。

（三）横向排列空间

横向排列空间是由若干并列空间相连接、排列而形成的直线形或曲线形的组合。镜头沿着线形轨迹移动，形成摇移运动的效果，如图 1–3–3 所示。

（四）垂直组合空间

这种场景空间体现为多层的、上下若干空间相连的空间组合，主要为了体现场景的向上延伸感，如图 1–3–4 所示。

（五）综合式组合空间

这是虚拟场景空间一种最复杂的组合形式，兼有纵深、横向以及连接上下的综合式组合。它可以最大程度地实现丰富的场面调度，实现场景综合体验，如图 1–3–5 所示。

图 1–3–1　单一空间

图 1–3–2　纵向多层次空间

图 1–3–3　横向排列空间

图 1–3–4　垂直组合空间

图 1–3–5　综合式组合空间

三、场景空间形态的心理感受

图 1-3-6 大殿场景

空间的形态又称为空间形状。不同的空间形状会使人产生不同的心理反应。

高而宽的空间有稳定、敞阔、博大的感觉，例如大殿，如图 1-3-6 所示。

高而直的空间有向上延伸、升腾、神圣的感觉，例如教堂、塔，如图 1-3-7 所示。

圆形的空间会令人产生圆滑、柔顺之感，有向内收缩的凝聚力，如图 1-3-8 所示。

三角形空间有倾斜、压迫的感觉，如图 1-3-9 所示。

四方形空间给人以凝重、安定、坚固的感觉，如图 1-3-10 所示。

图 1-3-7 高塔场景

图 1-3-8 圆形场景

图 1-3-9 三角形空间

图 1-3-10 四方形空间

四、塑造场景空间的方法

空间大致可分为两类：物理空间和心理空间。物理空间是实体所限定的空间，包括物质空间和社会空间。心理空间是实际不存在但能感受到的空间，其本质是实体向周围的扩张，是人类知觉的实际效果，也是我们常说的空间张力，空间张力就是空间的本质。例如，在一个阅览室内，第一个进入的人，将会找一个最佳的位子坐下，而第二个进入的人会选择距第一个人较远的地方坐下……后面进阅览室的人在没有恰当的位子可选择时，只能挨着别人坐下。究其原因，是每个人都有私人空间场的存在。所以，适宜的空间感必须利用人类自身的空间场性来创造，具体方法如下：

（一）利用引力感

当两个以上的形体同时存在的时候，其相互间会产生关联并产生作用力。准确地利用引力感，可以产生不同的空间效果。

在一个房间内，当一个人的身高与他到房顶的距离之比是 6：4，即接近黄金分割比时，引力感适宜，使人感到亲切、和谐；当比例大于黄金分割比时，就相当于一个高个子进入了这个房间，引力感加强，使人感到压抑、堵塞、拥挤；当比例小于黄金分割比时，就相当于一个小个子进入了房间，引力感减弱，使人感到虚幻、松散、零乱。

（二）强化景深

景深就是指场景前后的距离。加强场景的深度感，可以有效扩大场景的空间感。利用直线透视，可以形成近大远小的景深感；利用遮挡，也就是前景的应用，可以使我们更容易判断物体的前后关系；利用光影，加大光影明暗和色彩的对比，会给我们更强烈的视觉感受，增强场景空间的效果。

（三）利用角色调度

为避免场景封闭造成的拥堵感，应有意识地增加主场景中的多方向的通透空间效果，使得主场景空间产生向四面八方的扩张感，让观众产生主场景空间之外还有空间的暗示，从而强化场景层次感和运动感。

（四）多层次综合设置

在场景设计中，适当地增加场景垂直结构的层次，可以在结构上产生落差感，丰富场景的变化。

（五）利用空间的融合

在设计中，我们将完全不相关的空间结合在一起，彼此融合，相互交织，就会产生新的空间融合效果。

（六）利用镜头组接

利用镜头组接的方法塑造立体空间效果，实际上是一种导演手法。这是一种充分利用影视视听语言的特性来塑造空间的方法。在宫崎骏的影片中，经常会看到这种方法的应用，我们可以称它为宫崎骏的“三镜头式”。所谓“三镜头”，就是利用连续组接的三个镜头画面，来表现同一场面空间的三维立体的空间感。注意，这里我们说的是“场面”而不是“场景”，因为这种方法比较适合展现由许多单元场景组合在一起的，不是一目了然的，而是更复杂、更多变的大范围空间，例如城市、战场等。类似的运用在宫崎骏的其他影片中十分常见，成为宫崎骏的标志性镜头语言。这是利用二维手段表现三维空间和运动的成功典范。

五、造型设计形式

虚拟场景造型设计运用对比、相似、比例调整和重复等方法合理安排和设计场景中的造型元素关系，实现自然融合，获得特殊的效果呈现。比如三维动画中光、影、空间的运用，能在视觉上形成复杂场景。有些是将现实场景与三维动画形象结合，有的完全由三维软件制作，含有炫目特效，调节方便而且效果惊人。

场景造型设计应具有统一性。造型要素要统一整合，形成和谐美感。场景造型应注重单纯特质，消除琐碎细节，以精简要素表现形态效果。比如《海底总动员》中海滨场景的深蓝和淡蓝色彩，给人一种心灵的安详、洁净与愉悦。虚拟场景造型设计还应具有节奏感，体现在场景道具陈设和物象模式中。整体形式效果越严整，其组织规律就越复杂。同时，场景造型要素要彼此互补平衡，造型要素需在相互调节中形成静止、安定的现象。造型要素在相互位置、重量、方向、空间和整体构成上给人稳定的感觉，形成平衡美感。比如《最终幻想》应用了构图学中的中轴对称，两边山稳定画面重心；为使得画面效果更灵活，整体构图旋转了一个小角度，摄像机画框内的画面倾斜；以流体和粒子特效的方式形成一个小型瀑布，处于画面左侧，增加了画面的神秘感和浪漫气息。

六、色彩设计形式

场景色彩表现指的是场景画面中色彩的合理配置和艺术表现。控制色彩由灯光和材质实现。三维虚拟场景内的色彩包含装饰色彩、写实色彩和主观色彩。装饰色彩指的是以配色高度纯化或概括客观色彩，或者以变形和夸张手法突出色彩视觉效果，表现出装饰趣味，装饰色彩应用在具有个性特征的三维艺术场景内；写实色彩是客观世界和画面效果相似的色彩，多应用在追求写实造型场景质感和光影的场景中，例如时间色彩变化和季节色彩变化等；主观色彩是设计者对色彩的爱好，为突出色彩心理效应而使用的色彩处理方法，主观色彩可实现风格独特的三维虚拟场景。

三维虚拟场景的颜色表现受到灯光的影响，比如蓝光的色调冷、红光的色调暖。颜色冷暖、光照方向、位置变化都会形成不同的心理感受。三维虚拟场景灯光布置近似于电影灯光布置，使用的是三点光源法。三点光源包括主光灯、辅光灯和背光灯。主光灯亮度最高，在 3/4 的场景正面处，表现出了整体色彩，主光灯可形成角色阴影。辅光灯处在摄像机附近，可形成平面光照射的效果，辅光灯可形成柔和阴影。背光灯用于勾勒人物轮廓，在背景中表现角色，放于 3/4 的场景背面。三点光源是经典的照明方式，要灵活加以运用。

在三维虚拟场景中，色彩基调是场景色彩的表现。故此，场景设计要利用好色彩的心理特征，表现出影片的情绪气氛和作者的行为意图。比如黑白灰三种色彩，黑色代表着消极的意义，物体反射能力弱就会呈现黑色面貌。与其他色彩进行组合时，黑色是较好的衬托色，可以表现出其他颜色的色感和光感。以黑白组合，光感最分明、朴实和强烈。白色是全色光，由各种单色光均匀混合而成，代表着纯洁明朗。灰色居于白色和黑色之间，为中等明度，给人一种含蓄、高压、耐人寻味之感。

第四节 虚拟场景的制作技术

一、三维虚拟场景设计制作人员应具备的素养

对于从事三维虚拟场景设计的人来说，掌握基本的相关知识很有必要，包括美术基础、软件技能训练、综合艺术素养、沟通能力等。了解三维场景设计应该具备的能力，并进行有针对性的学习和积累，对工作可起到事半功倍的效果。

（一）扎实的绘画基础和表现能力

扎实的美术素描功底可以使我们对三维空间及色彩的理解更加深刻，对美术风格定位更加明确，对三维场景整体美感的把握更加准确。在设计制作三维虚拟场景中，我们看重的是设计师的艺术修养及审美意识，而不是在三维制作中应用了很酷炫的技术，并且要求设计制作人员有扎实的结构造型描绘能力、处理明暗结构能力和处理空间色彩关系能力。

（二）丰富的创作想象力

三维场景设计与传统二维场景创作不同，三维场景设计需要原画师将策划文案中的描述性文字转化为形象的画面，再通过三维制作技术，把抽象的形态结构转化为立体的空间作品。

三维场景设计师在表现三维空间结构关系时，首先需要丰富的想象力和制作经验，更需要在结构设计中累积大量素材，完善设计理念，在短时间内创作出适合剧本或文案需求的概念设计。其次在后期的 3D 制作阶段，三维场景设计师需要制作大量的贴图、动作和特效文件，实现效果各异的场景和角色，以带给观众不同的空间氛围体验。这同样要求设计师在制作过程中能总结概括，掌握不同风格、不同类型的三维空间的设计技巧，注重创作灵感的积累和培养。

（三）广博的知识、才艺和综合的艺术修养

三维场景设计和纯美术绘画一样，要时刻保留个人的风格特点，对此可以将他人的作品作为借鉴，在模仿中逐渐形成自己的风格。因此，要想成为一名优秀的三维虚拟场景设计师，就要了解不同风格的作品，比如欧美风格、日韩风格以及中式风格的作品等，甚至要深入分析作品的历史背景、文化差异和创作思想，让自己的艺术素养得以提升。

（四）良好的沟通能力和团队协作能力

在三维场景设计过程中，策划的想法需要通过作品体现出来，然而很多细节在表现时难和策划的设想完全一样，中间不可避免地要进行多次修改，甚至重新设计。因此要想成为一名好的三维场景设计师，还需要具备良好的沟通能力和团队协作能力，而不是一意孤行、孤芳自赏。一个人完成所有的设计工作是不现实的。优秀的三维虚拟作品需要所有参与美术设计的人员相互了解，甚至还要和策划、程序设计人员进行沟通，只有这样最终才能制作出让人们认可的作品。

二、三维虚拟场景设计制作人员应具备的技能

（一）艺术造型能力

三维虚拟场景设计制作最终的呈现是作品画面，即赋予艺术造型设计的艺术作品。在设计制作中，我们要有良好的审美、构图、空间造型等能力，要注意布局场景形态，对模型造型、模型贴图绘制、灯光色彩氛围进行把控，对场景镜头进行调制等，这些无不体现设计师的艺术造型能力和空间想象力。所以，在三维虚拟场景的设计制作实践中，我们要有较高的艺术造型能力，并不断学习、提高艺术造型能力，设计制作出更优秀的三维虚拟作品。

（二）具有计算机图像设计软件的使用技能

每个虚拟场景设计师都应关注行业技术的变化和进步，因为每次新技术的诞生都会给虚拟场景设计带来很多改良和进步，有效提升了画面效果和制作效率。所以三维场景设计师不仅要会用图形图像设计软件表现自己的作品，还要学会利用新技术提高自己的设计水平和效率。三维虚拟场景设计的常用软件有：3D Max、Maya、Photoshop、Zbrush、Bodypaint 等。这些软件功能强大，只有不断地学习和使用才能熟练地掌握它们。

三、三维虚拟场景制作的流程

（一）三维场景中模型的实现

三维虚拟场景设计主要采用 3D Max 或 Maya 软件进行建模，使用几何体或二位线进行细分构建，在基本几何体的基础上再使用调整 UV 编辑点或在二位线下使用各种变化命令生成场景元素的造型，同时需要结合各种线及三维体的各种修改组合，形成需要的空间模型。

（二）游戏场景中的 UV 映射

在三维软件中，对模型的 UV 展开方式有五种，在一般场景设计中主要使用平面映射和柱状映射。使用命令打开 UV 面板，调整 UV 并且使用 UV 快照将其导出为如 512 × 512 像素大小的 .tga 格式图片。根据设计效果及物体的物理特性对模型进行材质的赋予。

（三）游戏场景中模型贴图的绘制

绘制模型贴图的图像软件很多，我们一般使用 Adobe 公司旗下的 Photoshop 软件来绘制需要的模型贴图。打开平面绘图软件 Photoshop，导入在三维软件中导出的 .tag 映射纹理文件。使用选框、渐变、画笔等基本绘图工具配合涂抹、加深、减淡以及滤镜等工具绘制贴图。绘制完成后保存 .psd 源文件并且存储为 .jpg 图片文件备用。

（四）游戏场景中灯光摄像机的设定及效果图渲染

给场景赋予贴图后使用命令软件灯光模拟功能为场景添加灯光效果，主要使用泛光灯和聚光灯提亮场景。添加环境图片，使用摄像机确定好要渲染的镜头，摄像机的机位注意画面的空间感，主要有平行和垂直两种机位方式，最后点击渲染按钮渲染成图。

（五）后期效果的细节处理及最终欣赏

将渲染出的效果图导入 Photoshop 中，添加辅助元素如人物、云彩、雾气、花草点缀等，最后对其中细节等进行相关处理，完成最后效果图和动画并进行输出。

三维虚拟场景设计不仅仅是绘景，更是一门为展现故事情节、完成设计方案而呈现和提供服务的时空造型艺术。因此，在数字艺术及影视动漫的创作中应充分认识、充分利用场景对于情绪氛围的推动作用，在塑造声画合一的视听综合艺术形象的同时，营造出最佳的总体效果。

第五节　市场分析

我们要做三维虚拟场景的市场分析，首先就要对数字艺术和影视动漫等文化产业的发展情况进行探究，因为三维虚拟场景设计制作应用几乎覆盖了以上整个产业，甚至超越艺术文化延伸到工农业的实际生产中。我们很难如统计工业产值一样获得虚拟场景的产值，因为三维虚拟场景虽然是一项应用广泛的数字艺术，但其也是整个数字艺术及影视动漫产业的一个技艺组成部分。所以，我们分析三维虚拟场景的市场状况，需要从整个数字文化产业发展状况入手，从中获得其发展的情况。

2017 年 6 月，国家信息中心发布了《数字文化产业发展情况》一文，从中我们可以了解数字文化产业的一些发展情况。

一、数字文化产业当前发展的主要特点

（一）产业特点及分布特点

数字文化产业是以文化创意内容为核心，依托数字技术进行创作、生产、传播和服务的新兴产业，具备传输便捷、绿色低碳、需求旺盛、互动融合等特点，当下正在成为引领新供给、新消费，规模高速成长的数字创意产业的重要组成部分。

据北京文睿咨询的研究表明，我国已形成了长三角、珠三角、环渤海，和以成都、长沙为代表的中部区域的四大数字媒体产业集群，聚集了全国 90% 以上的数字媒体企业。其中，长三角区域总体规模最大，占到全国产值份额的 30% 以上，长三角区域发展又以上海为龙头，70% 以上的产值规模来自上海。这种产业集聚的特性既有产业自主聚集的作用，也有产业政策引导的影响。

（二）产业规模快速增长

近年来，在互联网信息技术快速迭代升级的推动下，在人民群众消费升级、对精神文化产品需求日益增加的拉动下，数字文化产业迎来了大发展，在经济压力增加的背景下逆势增长。从上市公司数据看，自 2010 年以来数字文化产业上市公司营收增速一直在 20% 以上（见图 1-5-1）。2016 年 1—3 季度数字文化上市公司营收达 657.8 亿元，增速为 42.5%。2015 年数字文化产业企业上市公司营收为 668 亿元，增速为 49.6%，这两年的迅猛增长主要是由于 2014、2015 年有多家数字文化产业企业或借壳上市，或调整业务方向，剥离传统产业，切入数字文化领域（据不完全统计，2014 年以来共有 9 家企业借壳，6 家企业调整业务）。以上数据充分显示出数字文化产业近年来发展的火热程度。

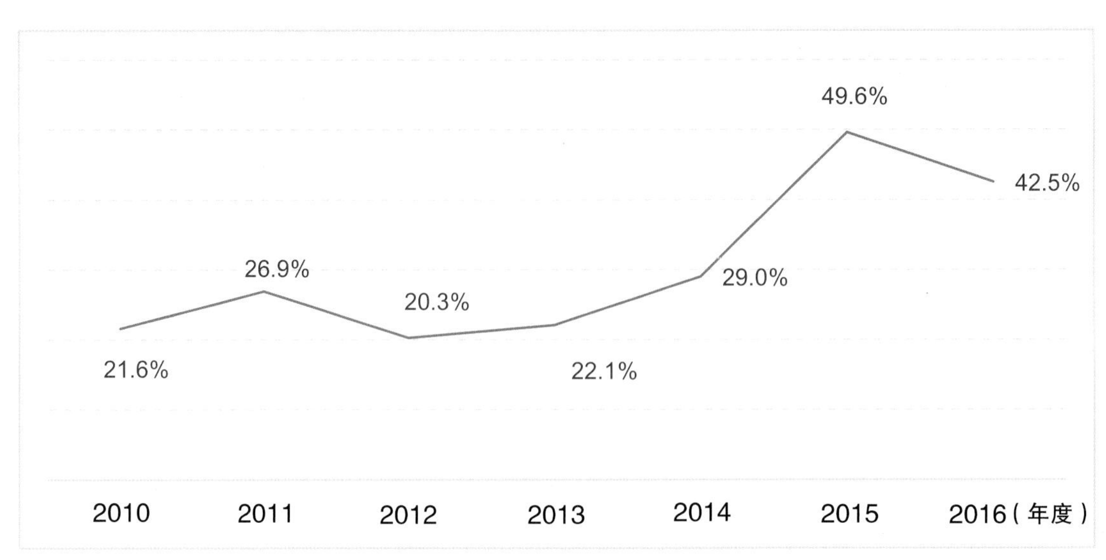

图 1-5-1 数字文化上市公司营业收入增速

（三）数字文化领域双创极为活跃

数字文化产业以互联网为基础设施和实现工具，大幅降低了有创意、有知识、有能力的人尤其是年轻人进行创业创新的难度，给他们提供了大量创业和创富机会，拉动非传统就业。2015 年，与数字文化产业领域大量交叉融合的文化、娱乐业新登记企业 10.4 万户，增长 58.5%，远高于 21.6% 的平均水平。数字文化领域是当前创新创业的沃土，其中网络文化更是自由就业活跃的典型领域。据不完全统计，2015 年国内网站签约作者约 250 万人，另有超过 2000 万人在网上不定期创作。阅文集团是中国最大的数字阅读平台企业，自成立至今累计为 400 万名作家提供了创作平台，其中日销售过万元的作家近 100 位。同样，音频分享平台喜马拉雅短短几年就集聚了 10 万名主播，部分主播收入远超一般收入水平。数字文化产业为社会创造了无数“隐形”就业岗位，为一批非传统人才脱颖而出提供了机会。

二、数字文化产业发展面临的主要问题

（一）人才体系不匹配

目前，游戏、动漫等数字文化产业领域专业人才十分缺乏，如研发和运营一款网络游戏涉及游戏策划、技术开发、设计合成、美术、网络维护、营销、售后服务、在线管理等方方面面的问题，成熟团队成为稀缺资源。但与此相反，受众用户持续快速增加，这种失调制约了产业发展。同时,数字文化产业领域普遍存在人才培养方式和评价机制不合理的问题，相当多的创意人才并不一定学历高、职称高，但是产出可以非常高，市场化的人才培养与评价机制亟待建设。

（二）版权保护还需进一步加强

网络盗版仍然是数字文化产业生态良性发展的阻碍。企业普遍反映，网络文学、数字音频等领域盗版现象仍然普遍，行业发展显示出与盗版打击力度高度正相关的发展态势。

（三）新业态监管办法不够明确

数字文化产业领域创新活跃，新业态不断涌现，容易出现受旧制度制约或监管真空的情况。如音频、视频等细分领域涉及证照较多，申请存在较多困难，而新兴的网络直播领域又面临监管缺失，需强化以负面清单等方式廓清产业发展方向。

三、数字文化产业下一步发展趋势

（一）数字化转型带动文化产业转型升级

数字文化产业的一个重要组成部分就是传统文化产业的数字化转型，当下对数字技术的运用正在让传统文化产业脱胎换骨，不断产生新的惊喜。电视产业中，以 NETFLIX 为代表的新兴企业，通过细致研究消费者观看行为的变化，按需打造剧情，创造了一批广受欢迎的新产品。国内企业也在加强电视大屏和手机小屏的相互联动,始终保持电视产品的市场热度。电影、动漫等产品通过互联网联动“粉丝经济”，利用互联网众筹等新发展模式，开发各类衍生产品，大大做长了产业链条，丰富了产品变现渠道。传统文化领域的数字化则让大批普通群众难以接近的文物、遗产都“活”起来，“火”起来。

（二）国际化发展成为重要趋势

数字文化产业产品大多文化属性较浓，具备较强的传播力，而中国传统文化元素具有极强的感召力，是我国数字文化产业产品被世界接受的有力支撑。当下向国际市场开拓成为很多企业的发展重点。近年来，我国版权输出增多，输出总量从 2007 年的 1132 项，增长到 2015 年的 4375 项,8 年增长近 3 倍。众多网络文学作品走出国门,畅销亚洲多个国家和地区。如《步步惊心》转化为电视剧后被韩国翻拍,《鬼吹灯》《明朝那些事儿》在日本热卖,《花千骨》在泰国一上市就被抢购一空。2009 年到 2013 年,越南引进中国的网络小说六百多种。《甄嬛传》在日本刚播出一周，收视率就名列前茅。中国网络文学已经具备了与日本动漫、韩剧并称亚洲三大文化产业的发展潜力。游戏领域由于文化差异性小跨国传播具备优势，大多数游戏企业采取国内国外市场同步开拓策略，积极推进国际化发展。从 2010 年至 2016 年上半年，国产网络游戏产品累计出口数量已经突破 500 款，参与出口的网络游戏企业接近 200 家。2014 年中国自主研发网络游戏海外收入达 30.76 亿美元，同比增长 69%。2015 年游戏重点企业智明星通总收入中，海外收入占比超过 80%。

（三）广泛融合创新成为产业重要驱动力

一方面是数字文化产业领域内相互融合衔接。传统产业间往往技术区隔度较大、产业跨界难度大。而数字文化产业的底层技术与内容在数字融合趋势下已经打通，领域之间疆界缩小，比如动漫的表现手法和创造语言已经广泛运用到游戏、影视、设计等各个方面。跨界发展也因此成为行业内企业的典型特征，做视频内容的企业可以扩展到终端接入设备制造，做网络文学的企业可以拓展到下游影视、动漫行业。如阅文集团是做网络原创文学平台的企业，也自己投资制作动漫、影视剧以及相关周边，同时还与喜马拉雅合作制作音频内容。另一方面是数字文化产业与国民经济社会发展各产业门类的融合，如动漫与实体经济融合不断加深，通过动漫品牌授权的模式提高传统经营附加值。“三只松鼠”电商网站就是以“三只松鼠”作为核心形象营销休闲食品，三年内成为国内休闲食品销售第一的电商网站；更早的有《海尔兄弟》的动画片，提升了海尔集团企业的品牌效应和文化内涵。数字文化产业还逐渐与教育、贸易、物流等领域相结合。

三维虚拟场景设计作为在数字文化产业中覆盖面广的一个门类，其发展也将随着我国文化产业的发展而同步发展壮大。

第二章

三维模型制作技术篇

这一章讲述的是三维虚拟场景的建模、贴图、灯光及渲染技能。在数字场景的设计制作中，三维空间的塑造一般使用 3D Max 软件，这是业内比较通用的一种建模软件。我们将从认识 3D Max 软件开始，再熟悉其简单的建模功能，最后我们通过一个场景模型实例来学习三维虚拟场景的空间塑造。

第一节　软件

3D Studio Max，常简称为 3D Max 或 3DS Max，是 Discreet 公司开发的（后被 Autodesk 公司合并）基于 PC 系统的三维动画渲染和制作软件。其前身是基于 DOS 操作系统的 3D Studio 系列软件。在 Windows NT 出现以前，工业级的 CG 制作被 SGI 图形工作站所垄断。3D Studio Max + Windows NT 组合的出现一下子降低了 CG 制作的门槛，首先开始运用在电脑游戏中的动画制作，然后更进一步开始参与影视片的特效制作，例如《X 战警Ⅱ》《最后的武士》等。在 Discreet 3DS Max 7 后，正式更名为 Autodesk 3DS Max，最新版本是 3DS Max 2019。

一、软件用户界面介绍

下面，我们来了解 3D Max 的用户界面，3D Max 软件经过多年的发展，在界面设计上也一直引领潮流，致力为三维设计制作师提供美观、好用、功能强大的三维制作体验，如图 2-1-1 所示。

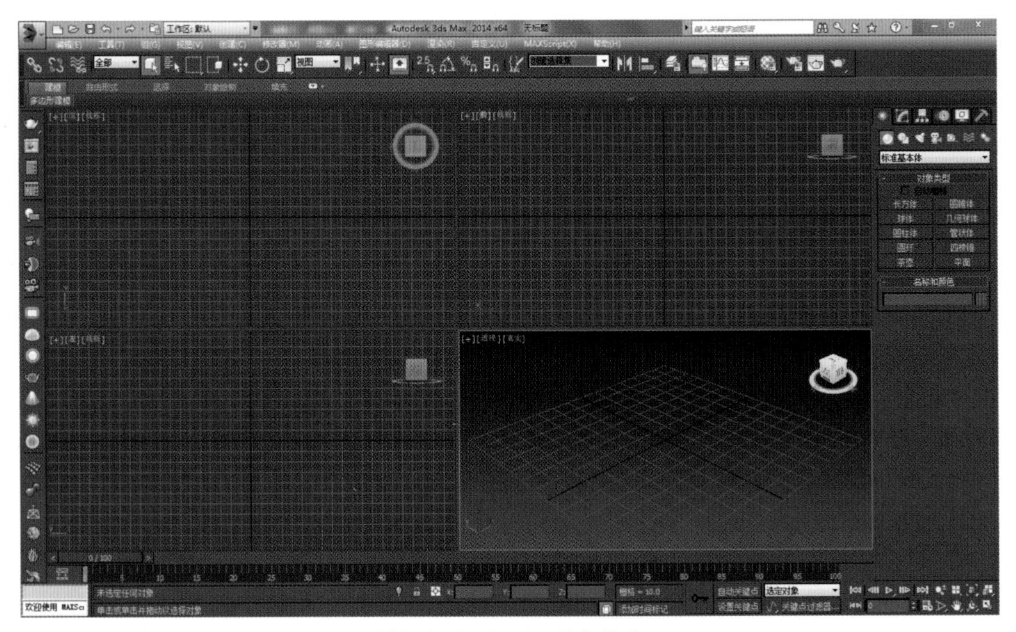

图 2-1-1　3D Max 用户界面

（1）应用程序按钮："应用程序"菜单的大部分子菜单可容纳在一个页面中，包含了新建、重置、打开、保存、导入、导出、发送到、参考、管理、属性等菜单命令。如果选项太多，一页容纳不下，则在该页的顶部或底部会出现一个带有箭头的栏，用于滚动选择子菜单，如图 2-1-2 所示。

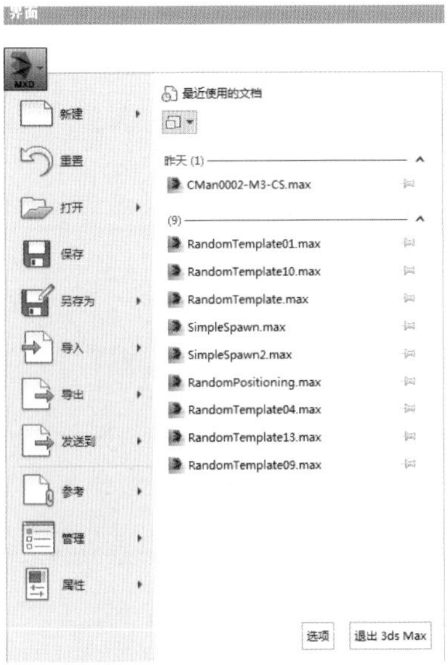

图 2-1-2　应用程序按钮

（2）快速访问工具栏：如图 2-1-3 所示。

（3）信息中心工具栏：通过信息中心可访问有关 3DS Max 和其他 Autodesk 产品的信息。它显示在"标题"栏的右侧，如图 2-1-4 所示。

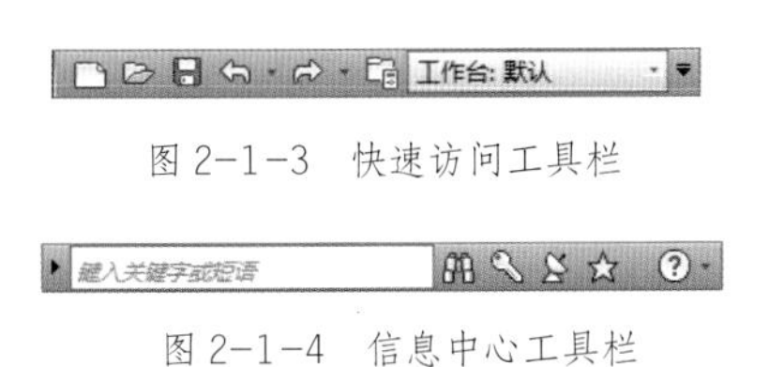

图 2-1-3　快速访问工具栏

图 2-1-4　信息中心工具栏

（4）菜单栏：位于主窗口的标题栏下面。每个菜单的标题表明该菜单上命令的用途，如图 2-1-5 所示。

图 2-1-5　菜单栏

（5）主工具栏：通过主工具栏可以快速访问 3DS Max 中用于执行很多常见任务的工具和对话框，如图 2-1-6 所示。

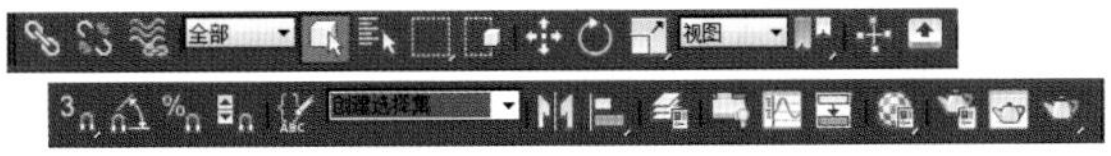

图 2-1-6　主工具栏

（6）命令面板选项卡：命令面板由六个用户界面面板组成，使用这些面板可以访问 3DS Max 的大多数建模功能，以及一些动画功能、显示选择、其他工具。每次只有一个面板可见。要显示不同的面板，单击"命令"面板顶部的选项卡即可，如图 2-1-7 所示。

图 2-1-7　命令面板选项卡

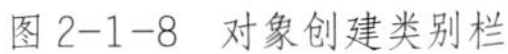

图 2-1-8　对象创建类别栏

（7）对象创建类别栏（创建面板）：创建面板提供用于创建对象的控件，这是在 3DS Max 中构建新场景的第一步，如图 2-1-8 所示。

（8）卷展栏：卷展栏是命令面板和对话框中的区域，用户可以展开（铺开）或折叠（卷起）它来管理屏幕空间。卷展栏折叠时，用向下的箭头（或"+"符号）表示，卷展栏展开时，用向上的箭头（或"-"符号）表示，如图 2-1-9 所示。

图 2-1-9　卷展栏

（9）功能区：工具栏形式，它可以按照水平或垂直方向停靠，也可以按照垂直方向浮动。工具栏中包含下列选项卡：建模、自由形式、选择、对象绘制、填充，如图 2-1-10 所示。

图 2-1-10　功能区

（10）视口导航控件：在状态栏的右侧，是可以控制视口显示和导航的按钮，如图 2-1-11 所示。

图 2-1-11　视口导航控件

（11）动画播放控件：主动画控件（以及用于在视口中进行动画播放的时间控件）位于程序窗口底部的状态栏和视口导航控件之间。其他两个重要的播放控件、时间滑块、轨迹栏位于主动画控件左侧，如图 2-12 所示。

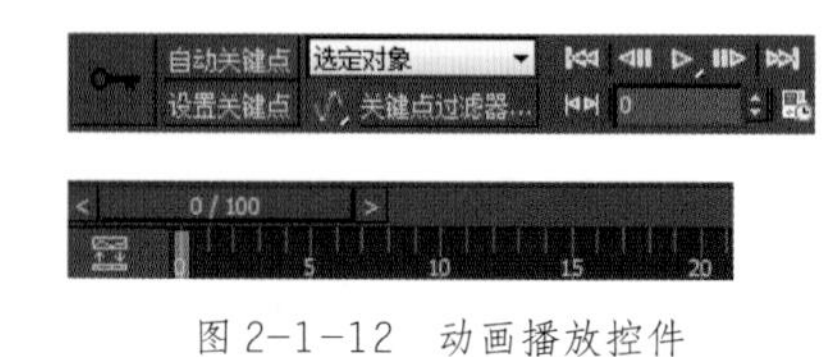

图 2-1-12　动画播放控件

（12）提示行和状态栏控件：3DS Max 窗口底部包含一个区域，提供有关场景和活动命令的提示和状态信息。坐标显示区域可以输入变换值，左边的双行界面提供了“Max Script 侦听器”的快捷键，如图 2-1-13 所示。

图 2-1-13　提示和状态栏

（13）工作视窗：这是 3D Max 产品显示操作区，它占据了界面的大部分面积。在默认状态下由四个视口组成，分别是顶视图、前视图、左视图、透视图。四个视口只有一个用黄色线框包裹，这就是当前的活动操作视口，如图 2-1-14 所示。

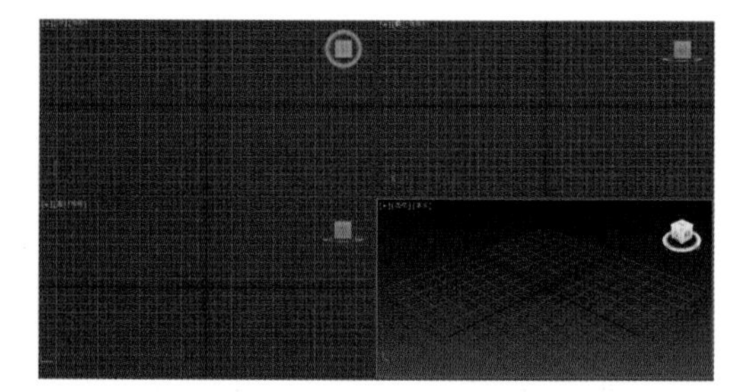
图 2-1-14　工作视窗

二、3DS Max 的工作流程模块

3DS Max 可以制作：专业品质的 CG 模型，如图 2-1-15 所示；照片级的静态图像，如图 2-1-16 所示；电影品质的动画，如图 2-1-17 所示。3DS Max 的工作流程一般分为六步，分别为设置场景、建立对象模型、使用材质、放置灯光及摄影机、设置场景动画和渲染场景。

图 2-1-15　CG 模型

图 2-1-16　静态图像

图 2-1-17　动画场景

（一）建立对象模型

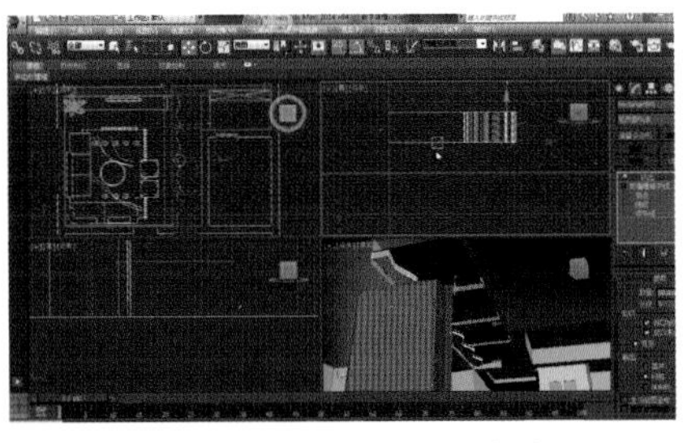

图 2-1-18　建立对象模型

建立对象模型先通过创建标准对象，如 3D 几何体或者 2D 线体，再对这些基础物体添加修改器进行细化建模，也可以使用变换工具“移动”“旋转”和“缩放”，将这些物体定位到场景中去。对象模型的建立如图 2-1-18 所示。

（二）赋予对象材质

可以使用“材质编辑器”来制作材质和贴图，从而控制对象曲面的外观。贴图也可以被用来控制环境效果的外观，如灯光、雾和背景。应用贴图来控制曲面属性，例如纹理、凹凸度、不透明度和反射，也可以扩展材质的真实度。大多数基本属性都可以使用贴图进行增强。任何图像文件，例如在图像程序中（比如 Photoshop）创建的文件，都能作为贴图使用，或者根据设置的参数来选择文件图案的程序贴图。

图 2-1-19　赋予对象材质

如图 2-1-19 所示，左图为一栋古建筑的模型，右图为使用材质后的效果。

（三）设置灯光和摄像机

软件默认为整个场景提供均匀照明。当建模时此类照明很有用，但不是特别有美感或者真实感，当想在场景中获得更加真实的照明效果时，可以从创建面板的“灯光”类别中创建和放置灯光。

可以从创建面板的“摄像机”类别中创建和放置摄影机。摄影机定义用来渲染的视图，还可以通过设置摄影机动画来产生电影的效果。

如图 2-1-20 所示为灯光和摄影机建立图示，右下图为摄影机视角渲染的场景。

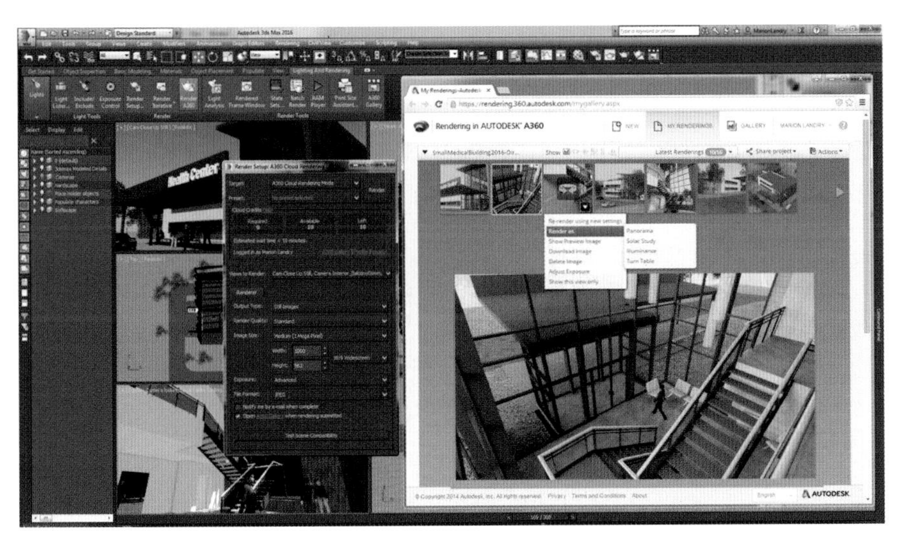

图 2-1-20　设置灯光与摄像机

（四）设置渲染场及输出

3D Max 软件是一款数字三维制作软件，其存储的 .max 文件是无法使用到其他应用中的，必须通过渲染设置输出需要的文件类型才能应用到其他场。现今版本的 3D Max 软件除了默认渲染器外，一般带有一个 MentalRay 渲染器，我们也可以以插件的方式安装其他的渲染器，比如业界比较常用的 VRay 渲染器。不管是默认渲染器还是安装的插件渲染器，根据使用需要，再通过渲染场的设置，都可以获得较好的渲染效果。

渲染是将颜色、阴影、照明效果加入模型中，如图 2-1-21 所示。可以设置最终输出对象的大小和质量，可以完全地控制专业级别的电影和视频属性及效果，例如，反射、抗锯齿、阴影属性和运动模糊。

图 2-1-21　渲染输出

第二节　3D Max应用基础

3D Max 的功能非常强大，我们学习软件的应用需要一个非常长的实践过程。下面我们对软件各模块的一些基础功能进行介绍，为后面的场景模型案例做些铺垫。

一、二维线条建模

（一）二维图形

二维图形包含线、圆形、弧、多边形、文本、截面、矩形、椭圆形、圆环、星形、螺旋线，如图 2-2-1 所示。

图 2-2-1　二维创建面板

（二）线的控制

可以通过“修改面板”对线进行“移动”“删除”等操作。也可以用“编辑样条线”方式编辑二维线：右击—转化为—［编辑样条线］，其作用是对除了“线”以外的其他二维图形进行修改。线条顶点有四种状态可以转化：Bezier 角点、Bezier、角点、光滑。（如果控制杆不能动，按 F8 键）

（三）实现几何体化

编辑好的样条线，再通过修改命令，如挤出、车削等命令实现几何体化；也可以把编辑好的样条线应用到复合建模中，实现几何体化。

（四）线的修改面板

步数：控制线的分段数，即“圆滑度”。

轮廓:将当前曲线按偏移数值复制出另外一条曲线,形成双线轮廓。如果曲线不是闭合的,则在加轮廓的同时进行封闭。(负数为外偏移，正数为内偏移)

优化:用于在曲线上加入节点。

附加:将两条曲线结合在一起。

圆角:把线的尖角倒成圆角。

拆分:把线等分成几部分。

修剪:跟 CAD 的修剪命令一样(修剪前须附加在一起，修剪后须顶点焊接)。

断开:把一条线在顶点处断开成两段。

焊接:把两个顶点焊接成一个顶点。

插入:在线的一个端点上接着画线。

二、复合建模(布尔运算和放样)

(一)布尔运算

定义:使两个模型重叠一部分，可以求出这两个模型的差集、交集与并集，这种方式叫作布尔运算。

三维物体:(创建面板—复合对象—布尔)并集、交集、差集 A-B。

(二)放样

定义:先绘出一个物体的横截面图形，再绘制这个横截面图形所穿越的路径曲线，就可以计算出这个物体的形状，这种建模方法叫作放样建模。

命令位置:创建面板—几何体—复合物体—放样。放样的一般操作:①获取图形，② 获取路径;放样的修改:①修改图形，②修改路径;放样的变形:①缩放，②扭转，③倾斜;放样图形的“居左、居中、居右”。

三、修改建模

修改建模是我们在建模中应用比较多的一种建模方式，它的命令种类非常多。我们在本节中列举几个在虚拟场景建模实践中常用的集中修改建模方式。

(一)FFD 修改

定义:针对某个物体施加一个柔和的力，使该区域的点位置发生变化，从而使模型产生柔和的变形。

例子:苹果，枕头。

操作:设置控制点数目，控制点的移动、缩放。

FDD:“控制点”“晶格”“设置体积”。

结合 Ctrl 键加选控制点，Alt 键减选控制点，用于加减选几个点，避免同时选几个点，致使操作不方便。在操作中,我们可以设置“控制点”—“与图形一致”,对图形进行多次“FDD”操作，力求图形更真实。

（二）锥化（Taper）

定义：对物体的轮廓进行锥化修改，将物体沿某个轴向逐渐放大或缩小。

例子：软管锥化成塔。

操作：数量：决定物体的锥化程度。数值越大，锥化程度越大。

曲线：决定物体边缘曲线弯曲程度。当数值大于 0 时，边缘线向外凸出。当数值小于 0 时，边缘线向内凹进。

上限和下限：决定了物体的锥化限度。

（三）扭曲（Twist）

定义：可以使物体沿着某一指定的轴向进行扭转变形。

角度：决定物体扭转的角度大小，数值越大，扭转变形就越厉害。

偏移：数值为 0 时，扭曲均匀分布；数值大于 0 时，扭转程度向上偏移；数值小于 0 时，扭转程度向下偏移。

上限和下限：决定物体的扭转限度。

（四）晶格（Lattice）

定义：将物体的网格变为实体，效果有点像织篮子一样。

操作：支柱半径、节点半径、光滑。

（五）噪波（Noise）

定义：使物体表面产生凹凸不平的效果。

操作：种子：用于设置噪波的随机种子，不同的随机种子会产生不同的噪波效果。

比例：用于设置噪波的影响范围，值越大，产生的效果平缓，值越小，产生的效果越尖锐。

分形码：勾选此选项后将会得到更为复杂的噪波效果。

粗糙度：用于设置表面起伏的程度，值越大，起伏得越厉害，表面也就越粗糙。

复杂度：用于设置碎片的迭代次数，值越小，地形越平缓，值越大，地形的起伏也就越大。

强度：用于控制 X、Y、Z 三个轴向上对物体噪波强度影响，值越大，噪波越剧烈。

（六）弯曲（Bend）

定义：对物体进行弯曲。

操作：角度：指物体与所选的轴的垂直平面的角度。

方向：指物体与所选的轴的平面的角度。

弯曲轴：指弯曲的轴向，系统默认的是 Z 轴。

（七）壳（Shell）

定义：在 3DS Max 中，单层的面是没有厚度的，利用 Shell 命令可以使单层的面变为双层，从而具有厚度的效果。

倒角边：利用弯曲线条可以控制外壳边缘的形状。

四、多边形建模

定义：在原始简单的模型上，通过增减点、线、面数或调整点、线、面的位置来产生所需要的模型，这种建模方式称为多边形建模。

编辑多边形（Editoble poly），是当前最流行的建模方法，它创建简单、编辑灵活、对硬件的要求不高，几乎没有什么是不能通过多边形建模来创建的，因此，它是当前应用最为广泛的一种模型创建方法。

多边形建模可编辑多边形的五个子层级。使用快捷键：1（点）、2（线）、3（边界）、4（多边形）、5（元素），如图 2–2–2 所示。

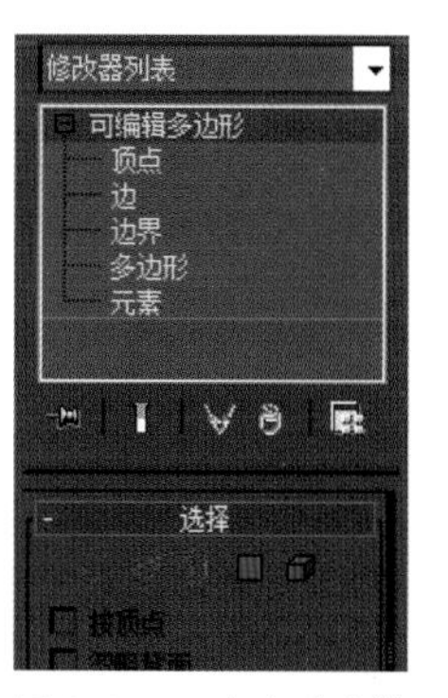

图 2-2-2　多边形建模

编辑点层级如图 2–2–3 所示。

编辑边层级如图 2–2–4 所示。

编辑多边形层级如图 2–2–5 所示。

编辑几何体层级如图 2–2–6 所示。

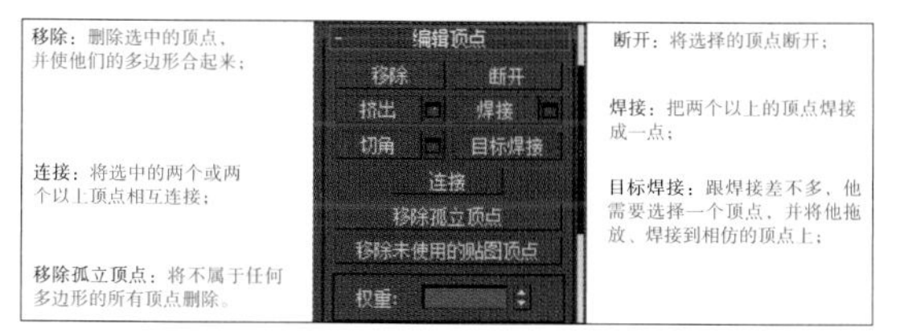

图 2-2-3　编辑点次物体级

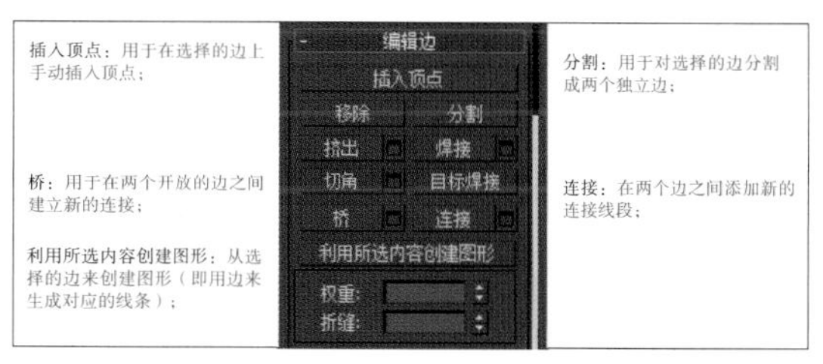

图 2-2-4　编辑边次物体级

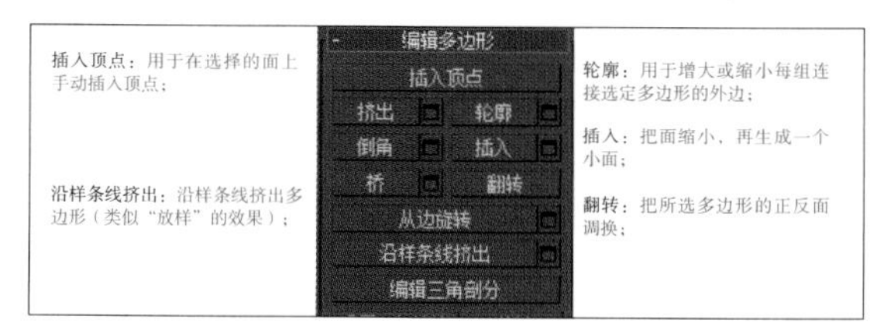

图 2-2-5　编辑多边形次物体级

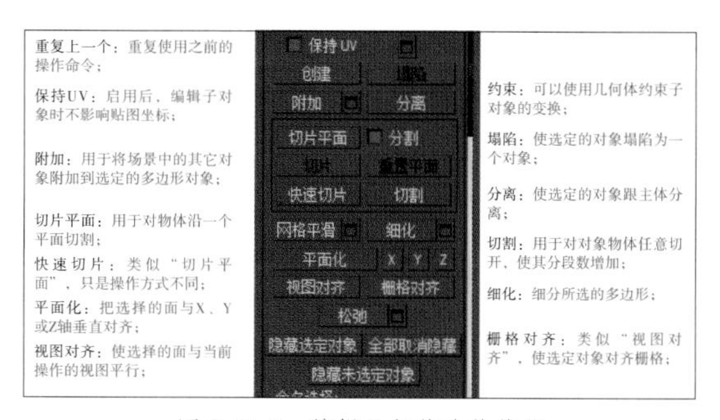

图 2-2-6　编辑几何体次物体级

五、材质

（一）材质编辑器的使用

材质：简单地说就是物体看起来是什么质地。所谓质地，包括物体表面的颜色、纹理、光滑度、透明度、反射率、折射率、自发光等属性。有了这些属性，我们才能识别三维模型是什么做成的。另外，离开了光源，材质也是无法得到体现的，比方说在正常的照明条件下，很容易分辨物体及材质，而在微弱的光照条件下则难以分辨。

贴图：在 3D Max 中是把图片包裹到三维物体的表面，这样可以用简单的方式模拟出复杂的视觉效果。其有三大组成部分：材质示例窗、工具栏、参数卷展栏。材质编辑器快捷键：m。

材质编辑器主要图标功能：赋予材质、删除材质、拾取材质、显示纹理贴图、材质贴图导航器。材质赋予过程：选择材质示例球并调整材质→选择物体→单击【将材质指定给对象】按钮（示例球重命名、示例球三种状态、删除材质）。

示例球数量的调整：实用程序→重置材质编辑器窗口，材质球的复制（选择一个空白材质球拖动到另一个材质球中，可将其覆盖）。

获取材质：【从对象吸取材质】按钮（按材质选择）。

（二）3D Max 常用材质类型 - 标准材质

常用参数卷展栏：明暗器基本参数（模拟各种材质：模拟塑料、模拟金属、模拟织物）、blinn 基本参数、贴图（弧形的表面更容易产生高光的效果）；

调整物体的固有色、环境色、高光的颜色（默认为白色）、物体的高光强度（值越大高光越强）、高光的大小（值越大高光越小，值越小高光越大；表面越光滑的物体，它的高光越小，高光强度越强；表面越粗糙的物体，它的高光越大，高光强度越弱）；

材质设置默认值为 100，完全不透明，自发光，只是颜色上的效果，而不是光源的效果，不会发光照亮其他物体；

过滤色一般用来控制透明或半透明的物体，并影响透明的颜色；

衰减类型有由外向内进行衰减、由内向外进行衰减两种；

添加贴图，选择位图→选择贴图，常用贴图类型 - 位图参数卷展栏：坐标、位图参数、输出，点击鼠标右键可以选择清除贴图。

（三）3D Max 常用贴图通道

放射、折射（光线跟踪贴图）、凹凸（噪波贴图、位图）、不透明（渐变坡度贴图、位图）、衰减贴图、多维 / 子对象材质、混合材质、UVW 展开贴图修改器。

六、灯光

在三维场景中灯光的作用不仅仅是将物体照亮，而是要向观众传达更多的信息。灯光来决定了某一场景的基调或感觉，拱托场景气氛。

（一）标准灯光

3D Max 自带灯光分为八种：Target Spot（目标聚光灯）、Target Direct（目标平行光）、Free Spot（自由聚光灯）、Free Direct（自由平行光）、Omni（泛光灯）、Skylight（天光）、mr Area Omni（区域泛光灯）、mr Area Spot（区域聚光灯）。这八种灯光可由 Create 命令面板中的 Lights 项目栏创建，如图 2-2-7 所示。

（二）渲染器灯光

在实践中，为了得到更好的渲染效果，我们一般会安装渲染插件。不同的渲染器一般会自带渲染器灯光，这种灯光与该渲染器是最匹配的，也是获得最佳渲染效果的光影保障。

如我们常用的 VRay 渲染器，其自带了四种灯光：VR_ 光源、VR_IES、VR_ 环境光、VR_ 太阳，如图 2-2-8 所示。

VR 灯光的参数如下：

开：设置灯光的开关，勾选表示打开，不勾选表示关闭。如果暂时不需要此灯光的照射，可以将它关闭。

排除：允许指定对象不受灯光的照射影响，包括照明阴影和阴影影响，通过对话框进行控制。

类型：这是 VRayLight 的类型列表，里面提供了四种不同的 VRayLight，如图 2-2-9 所示。

图 2-2-7 标准灯光

图 2-2-8 VR 灯光

图 2-2-9 VR 灯光照射类型

七、摄像机

摄影机是场景中不可缺少的组成单位，最后完成的静态、动态图像都要在摄影机视图中表现。3DS Max 中的摄影机拥有超过现实摄影机的能力。如更换镜头可以瞬间完成，无级变焦更是真实摄影机无法比拟的。

（一）标准摄像机

3D Max 自带摄像机分为两种：目标摄像机和自由摄像机，如图 2-2-10 所示。

图 2-2-10 标准摄像机

目标摄影机：用于观察目标点附近的场景内容。它有摄影机、目标两部分，可以很容易地单独进行控制调整，并分别设置动画。

自由摄影机：用于观察摄像机方向内的场景内容。多用于轨迹动画，可以用来制作室内外装潢的环游动画，车辆移动中的跟踪拍摄。自由摄像机的方向能够随路径的变化而自由地变化，可以无约束地移动和定向。

摄像机焦距：镜头与感光表面间的距离。焦距会影响画面中包含对象的范围。焦距越短，画面中能够包含的场景画面范围越大；焦距越长，包含的场景画面越少，但能够更清晰地表现远处场景的细节。焦距以 mm 为单位，通常 50mm 的镜头为摄影的标准镜头，低于 50mm 的为广角镜头，50mm 到 80mm 之间的镜头为中长焦镜头，高于 80mm 的为长焦镜头。

（二）VRay 摄像机

VRay 摄像机也拥有两种摄像机：VRay 物理相机和 VRay 球形摄像机，如图 2-2-11 所示。

在实践中，我们使用 VRay 渲染器的时候，基本选用 VRay 物理摄像机。其是 VRay 渲染设置中的一个组成部分，能较真实地模仿现实世界的镜头调节，非常契合真实世界的镜头感，下面介绍它几个常用的功能。

图 2-2-11 VR 摄像机

控制相机曝光程度的三个主要因素：快门速度、光圈、感光度。

快门速度：默认值为 200，值越小，曝光时间越长，画面越亮，反之亦然。

光圈（数）：默认值为 8，值越小，更多光线进入相机，画面更亮。

感光度 ISO（胶片速度 ISO）：用来定义胶片对光线的感应程度，值越高画面越亮，默认为 100。

景深特效：勾选采样 - 景深，指定焦点，调节焦点距离，将焦平面移动至需要清晰的画面位置，光圈数值越小，模糊程度就越大。

运动模糊：先确定运动模糊物体的运动轨迹。选择物体，点击自动关键点，在第 0 帧处选择物体的第一个运动位置，指针移动到第 50 帧，将物体移动至最后位置。再勾选采样 - 运动模糊，把时间轴移动到 0 ~ 50 帧的任意处。影响模糊效果的是快门速度、光圈数及感光度。

第三节　游戏古建筑三维模型创建

在这节中，我们以游戏中一个古城楼的场景模型为例，讲解 3DS Max 软件制作场景模型的技法，并就在图像软件中如何绘制处理模型贴图进行介绍。读者可以以此场景模型为例，融会贯通、举一反三，在实践中练习其他种类的三维场景模型的制作。

下面我们就以一座古代的城楼为例来详细讲解虚拟场景中建筑的制作方法，如图 2-3-1 所示为完成后的效果图。

图 2-3-1　场景效果

我们要制作的这座建筑包含主体、栏杆、柱子、门、窗、瓦、梁等，甚至还要根据具体的情况制作相应的装饰物。通常，一座建筑要由很多模型组成，这就要求我们在制作时要灵活应对，根据每个模型的特点应用不同的制作方法。其中建筑的主体是整个建筑的框架，有了正确的框架之后才能有完美的细节。下面首先来制作建筑的主体模型。

一、建筑主体模型制作

（1）打开 3DS Max 2014 软件，单击创建面板下（几何体）中的【长方体】按钮，然后在透视图中按下鼠标左键，在水平方向拖动来定义长方体的底面，再在垂直方向拖动来定义长方体的高度，接着右击鼠标结束创建。最后在修改面板中设置模型的长度为“60.0”、宽度为“120.0”、高度为“30.0”，长度分段设置为“1”、宽度分段设置为“1”、高度分段设置为“1”，如图 2-3-2 所示。

（2）选择长方体，并在视图中右击，在弹出的快捷菜单中选择“转换为可编辑多边形”命令，将长方体转为可编辑多边形物体。然后按大键盘上的数字键〈4〉，进入模型的“多边形”层级，选择圆柱体的底面，按键盘上的〈Delete〉键将其删除，结果如图 2-3-3 中 A 所示。接着按键盘上的组合键〈Ctrl+V〉复制当前模型，在弹出的对话框中选择“复制”选项后，单击【确定】按钮，关闭对话框。最后利用工具栏中的“选择并均匀缩放”工具将新复制出来的模型在垂直方向上压扁，在水平方向上适当放大，结果如图 2-3-3 中 B 所示。

（3）将上面模型的底部与下面模型的顶部进行对齐。方法是：选择上面的模型，然后单击工具栏中的【对齐】按钮后选择下面的模型，接着在弹出的“对齐当前选择”对话框中修改选项，如图 2-3-4 所示，最后单击【确定】按钮，关闭对话框。

（4）选择两个模型中处于上面的模型，然后按大键盘上的数字键〈4〉，进入“多边形”层级，接着选择顶面并按键盘上的组合键〈Alt+E〉执行“挤出”命令，拖动鼠标“挤出”多边形，如图 2-3-5 所示。

（5）选择新挤压出来的 4 个处于侧面的多边形，然后单击修改面板中“挤出”右侧的方形按钮，如图 2-3-6 所示。

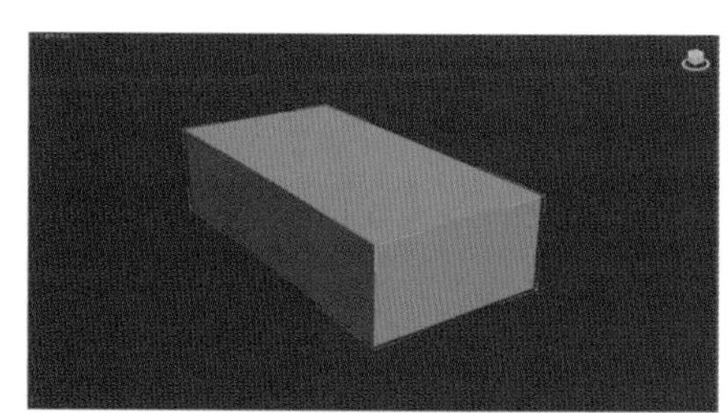

图 2-3-2 创建长方体

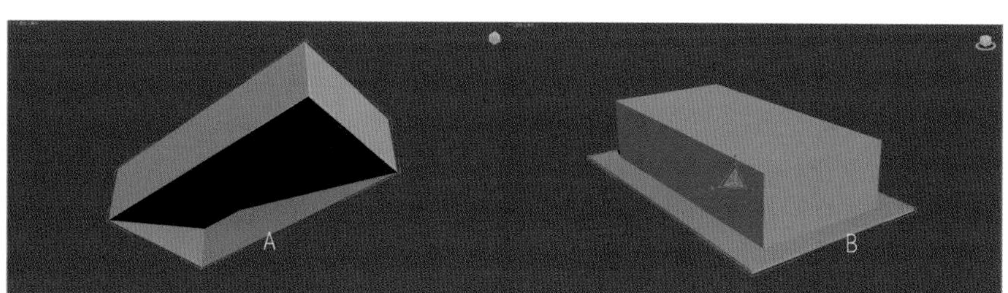

图 2-3-3 A-B 初步调整模型

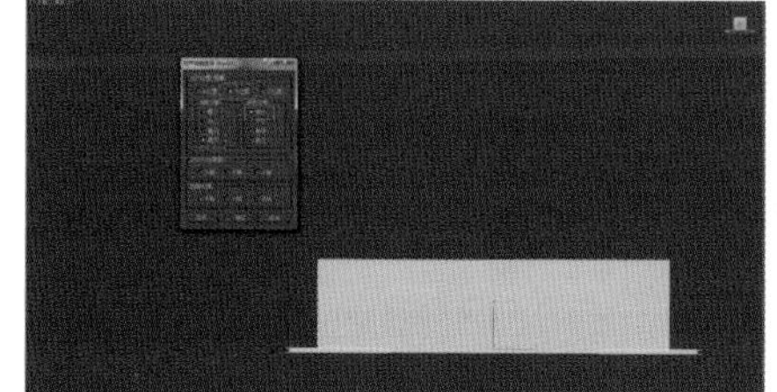

图 2-3-4 对齐两个模型

图 2-3-5 挤出多边形

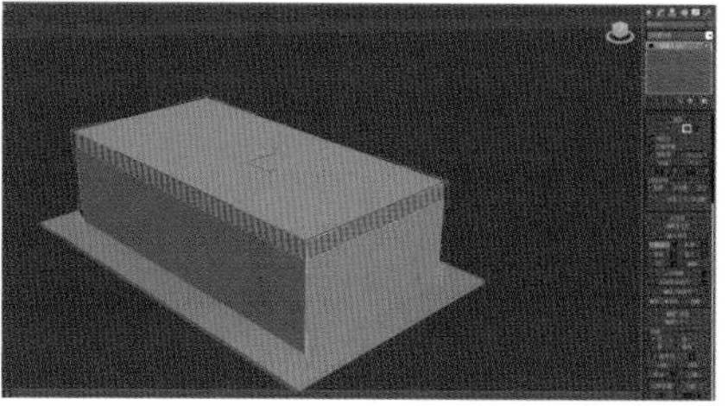

图 2-3-6 选择多边形

（6）在弹出的“挤出多边形”对话框中，设置“挤出类型”和“挤出高度”，这时可以看到被选择的多边形按照局部法线的方向挤出了 15 个单位，如图 2-3-7 所示。最后单击【确定】按钮，关闭“挤出多边形”对话框。

（7）选择顶面中间的多边形，然后利用工具栏中的“选择并移动”工具，在透视图中将这个多边形沿着 Z 轴向上移动。接着按键盘上的组合键〈Alt+E〉执行“挤出”命令，将这个多边形挤出，结果如图 2-3-8 所示。

（8）单击修改面板中编辑几何体卷展栏里的【分离】按钮，然后在弹出的“分离”对话框中勾选“以克隆对象分离”复选框，如图 2-3-9 所示。单击【确定】按钮，关闭对话框。

［提示：此处将这个多边形分离是为了在这个多边形的基础之上再建立一个新的模型。如果不分离它直接创建一个整体模型，会给以后的调整 UV 贴图坐标工作增加难度。所以在以后的建模过程中都将按照分体建模的方式来进行。］

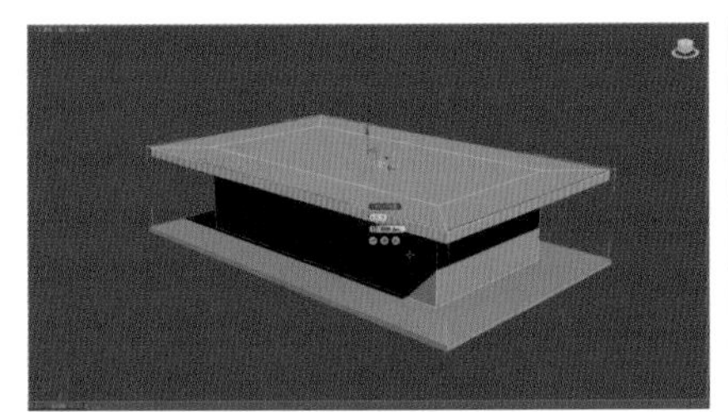

图 2-3-7 挤出多边形

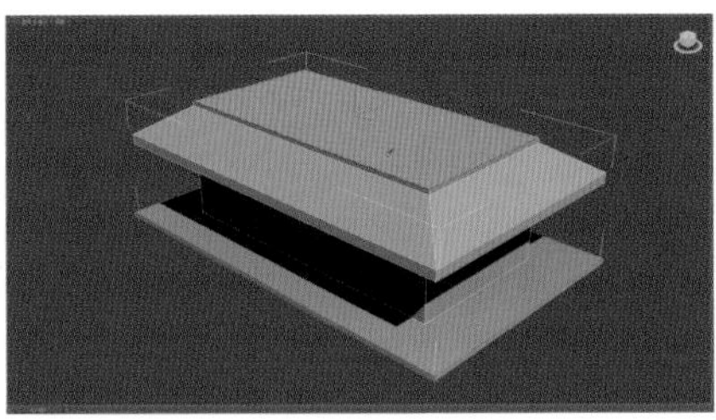

图 2-3-8 移动并挤出多边形

图 2-3-9 勾选“以克隆对象分离”复选框

（9）选择以克隆方式分离出来的那个只由一个多边形组成的模型，然后利用“选择并均匀缩放”工具将它缩小，如图 2-3-10 所示。

（10）按大键盘上的数字键〈4〉，进入模型的“多边形”层级。然后选择这个模型中唯一的一个多边形，按组合键〈Alt+E〉，执行“挤出”命令，将这个多边形挤出。接着单击【分离】按钮，在弹出的对话框中勾选“以克隆对象分离”复选框，单击【确定】按钮，最后按组合键〈Alt+E〉，执行“挤出”命令，挤出这个多边形的厚度，如图 2-3-11 所示。

（11）选择侧面的 4 个多边形，按组合键〈Alt+E〉，利用“挤出”命令将它们按照法线的方向进行挤出。然后选择顶面中间的多边形，在透视图中利用“选择并均匀缩放”工具将它沿 Y 轴缩小，接着用“选择并移动”工具将这个多边形沿 Z 轴向上移动，结果如图 2-3-12 所示。

图 2-3-10 缩小分离出来的模型

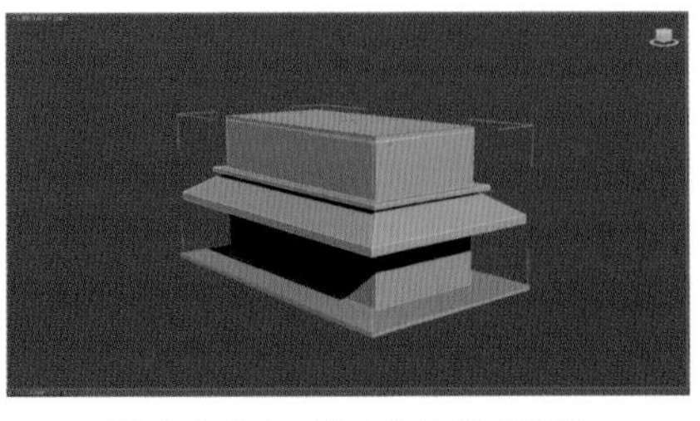

图 2-3-11 挤出并分离多边形

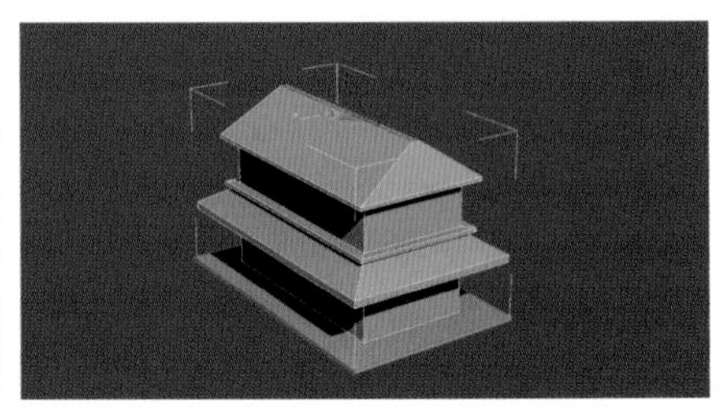

图 2-3-12 挤出并变换多边形

（12）按组合键〈Alt+E〉，利用“挤出”命令继续挤压顶面的多边形，从而挤出屋脊来。然后在修改面板的修改器列表中选择“对称”修改器，从而在修改器堆栈中添加“对称”修改器。接着修改“对称”修改器的镜像轴为 X 轴，结果如图 2-3-13 所示。

［提示：模型在添加了“对称”修改器后，当编辑其中的一侧时，镜像轴的另一侧也会进行同样的修改，这样就能对两侧同时进行编辑，从而使工作效率提高一倍。］

（13）按组合键〈Alt+E〉，利用“挤出”命令挤压屋脊顶部侧面两端的多边形。然后在此基础上继续挤压，并利用工具栏中的“选择并均匀缩放”工具调整挤压多边形的大小，从而制作出屋脊两端的尖角来，如图 2-3-14 所示。

（14）制作了屋脊后，整个建筑的大体构造就已经完成，如图 2-3-15 所示。

图 2-3-13 添加对称“修改”器

图 2-3-14 制作屋脊

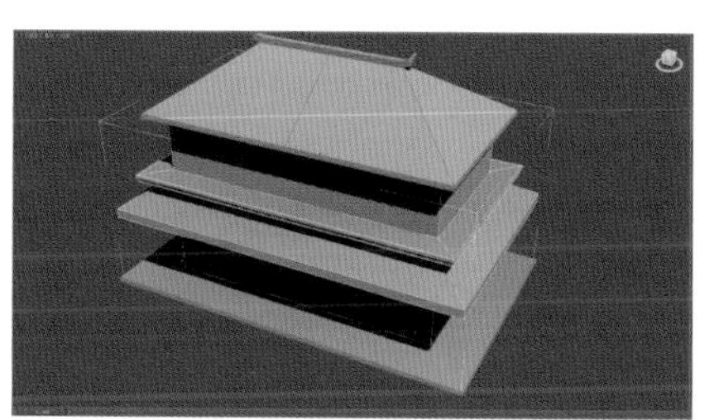
图 2-3-15 完成的建筑主体

二、建筑部件模型制作

（1）单击创建面板下（几何体）中的【长方体】按钮，在透视图中建立一个长方体，然后在修改面板中修改模型的形状和大小，并将所有的段数都设置为“1”。接着用“选择并移动”工具，在透视图中将这个长方体沿 Z 轴移动到城楼二楼的位置。同理，再创建另外一个长方体，并移动它的位置，如图 2-3-16 所示。最后选择两个新创建的长方体并在视图中右击，在弹出的快捷菜单中选择“转换为可编辑多边形”命令，将长方体转换为可编辑多边形物体。

（2）按住键盘上的〈Shift〉键，利用“选择并移动”工具沿 Z 轴移动两个栏杆中较细长的那一根，在弹出的对话框中选择“复制”选项，单击【确定】按钮，从而将其用复制的方式克隆出另一个来。然后按住〈Shift〉键沿 X 轴移动短的栏杆，将这根栏杆也克隆一根。同理，制作出另外的小栏杆，如图 2-3-17 所示。这样，二楼正面的栏杆就创建完成了。

（3）同理，复制出一、二楼的正面、背面和两侧 4 个方向的栏杆，如图 2-3-18 所示。

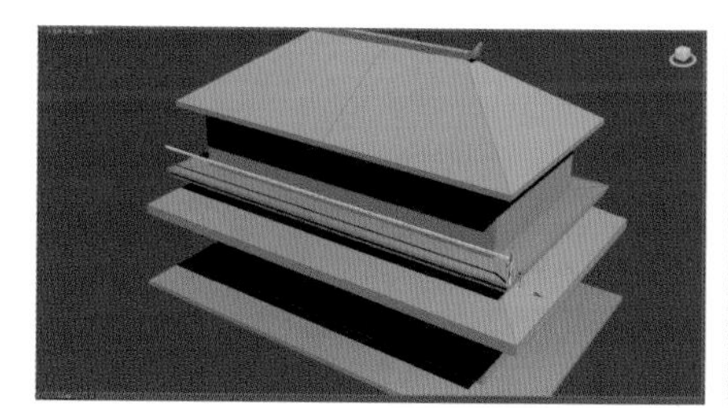
图 2-3-16 创建栏杆长方体

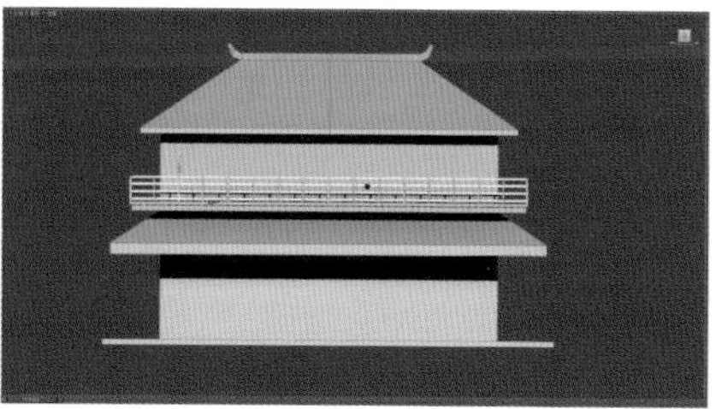
图 2-3-17 复制栏杆

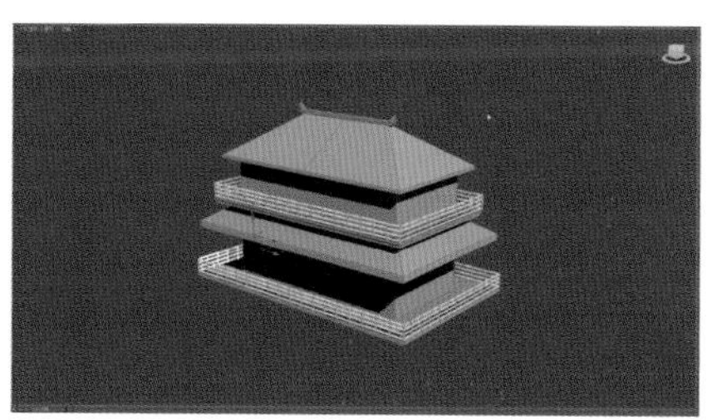
图 2-3-18 制作其他栏杆

（4）栏杆制作完成后，接下来给屋檐以下部分增加细节。方法是：选择二楼的模型，按大键盘上的数字键〈2〉，进入模型的边层级，选择所有竖向的边，然后按组合键〈Ctrl+E〉，执行“连接”命令，在这些竖向边的中间加入一圈横向的边。接着用“选择并移动”工具沿Z轴向上移动这圈边，如图2–3–19所示。

（5）按大键盘上的数字键〈4〉，进入到模型的多边形层级，选择二楼模型顶端侧面的一圈多边形，然后单击修改面板中“挤出”后的方形按钮。接着在“挤出多边形”对话框中进行设置，从而将多边形挤出，完成的结果如图2–3–20所示。

（6）单击修改面板中“选择”卷展栏下的【扩大】按钮，扩大选取多边形区域。然后单击“编辑多边形”卷展栏下的【分离】按钮，在弹出的对话框中进行设置。最后单击【确定】按钮，关闭对话框，从而将选择的多边形分离，如图2–3–21所示。

[提示：要将这部分多边形分离出去是因为这部分的材质与其他部分不同，分离以后调节材质会更方便。]

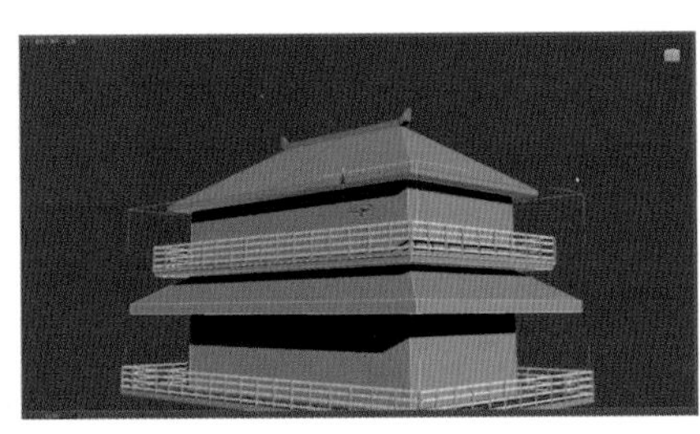

图2–3–19 加边线

图2–3–20 挤出多边形

图2–3–21 分离多边形

（7）调整二楼屋檐下面的两个细节。首先，移动屋檐下端的截面，从而做出屋檐下端的坡度。然后将下面的模型也相应地向下移，如图2–3–22所示。

（8）同理，在一楼屋檐下也做出和二楼近似的细节，并调整好它们的位置，如图2–3–23所示。

（9）建立一个长宽高的段数都是“1”的长方体，然后调节它的形状大小近似于柱子。接着按住键盘上的〈Shift〉键，利用“选择并移动”工具移动柱子，在弹出的对话框中选择“复制”，从而将其克隆出另一个来。同理，复制出其他的柱子并将它们的位置对齐在建筑的四角，如图2–3–24所示。最后选择所有的柱子并在视图中右击，在弹出的快捷菜单中选择“转换为可编辑多边形”命令，将模型转换为可编辑多边形，便于以后进一步的调节。

图2–3–22 调节位置

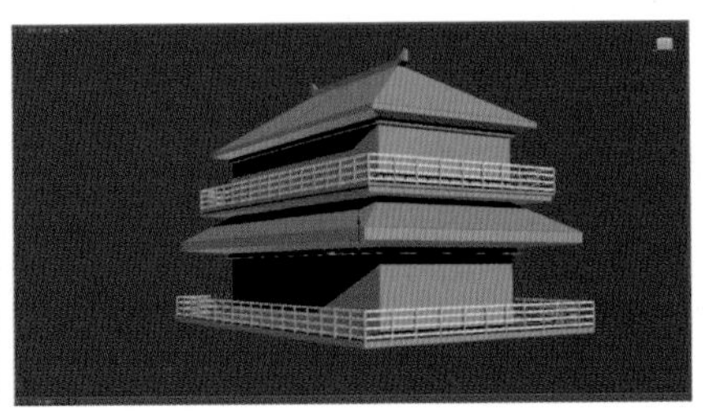

图2–3–23 一楼屋檐调节

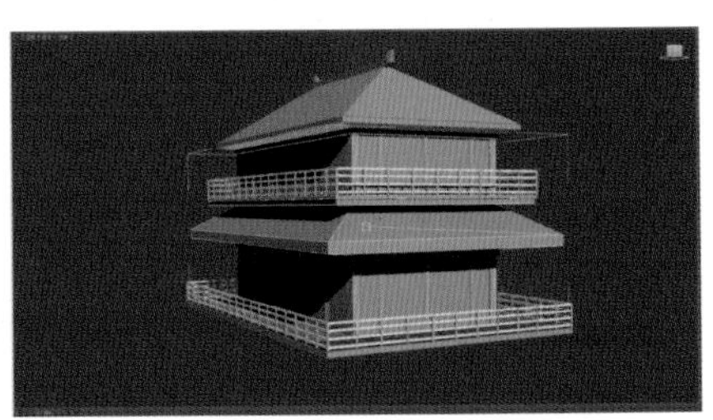

图2–3–24 制作柱子

三、门窗模型制作

（1）选择一楼的模型后按大键盘的数字键〈2〉，进入边层级，选择模型上侧面的边，然后按组合键〈Shift+Ctrl+E〉，执行“连接”命令，从而在环形边的中间加入边，如图 2-3-25 所示。接着按大键盘的数字键〈4〉，进入模型的多边形层级，选择被“连接”命令切割出来的两个多边形，单击修改面板中的“编辑几何体”卷展栏下的【插入】按钮，利用插入工具分别在两个多边形中插入新的多边形，加入后的结果如图 2-3-26 所示。

［提示：在对窗户进行编辑时，注意不要忘记在建筑另一端也要有窗户，加在一起共是四扇。它们几乎是对称的，制作方法相同。］

（2）选择如图 2-3-27 所示的多边形，然后单击修改面板上的【分离】按钮。接着在弹出的对话框中进行设置，单击【确定】按钮，关闭对话框，从而将这个多边形分离出来。同理，将其他三个用作窗户的多边形也分离出来。

［提示：第一，在分离多边形时要注意，一共有四个多边形需要处理，除了这一端我们能见到的两个多边形外还包括另外一端的两个多边形。第二，如果同时选择这四个多边形来执行“分离”命令，那么分离后这四个多边形将成为一个物体。如果选择一个多边形，然后逐个执行“分离”命令，那么分离后的四个多边形将成为四个物体。后一种方法更利于我们以后对几扇窗户分别编辑，所以在这里用的是选择一个多边形然后逐个分离的办法。］

图 2-3-25　连接加边

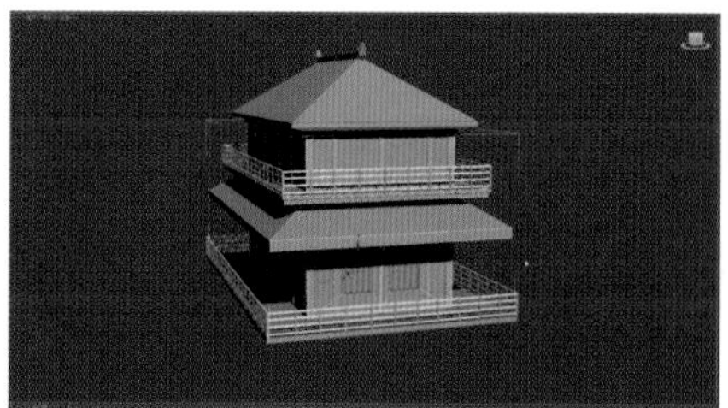
图 2-3-26　基础窗户

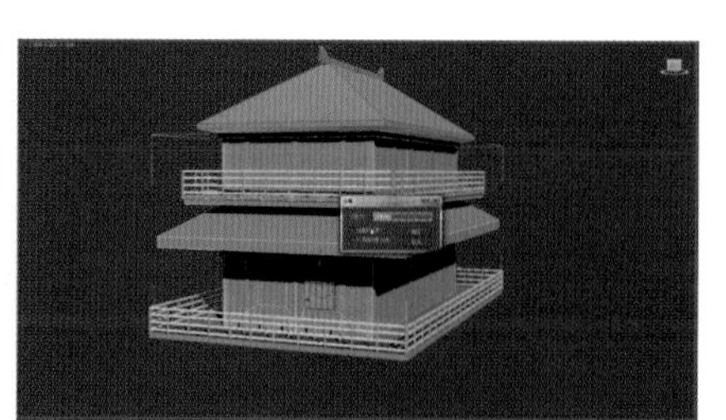
图 2-3-27　分离窗户

（3）选择分离出来的一个窗户模型，然后按大键盘上的数字键〈4〉进入模型的多边形层级，选择模型中唯一的一个多边形。接着按组合键〈Alt + E〉，执行“挤出”命令，给这个多边形挤出厚度来，如图 2-3-28 所示。

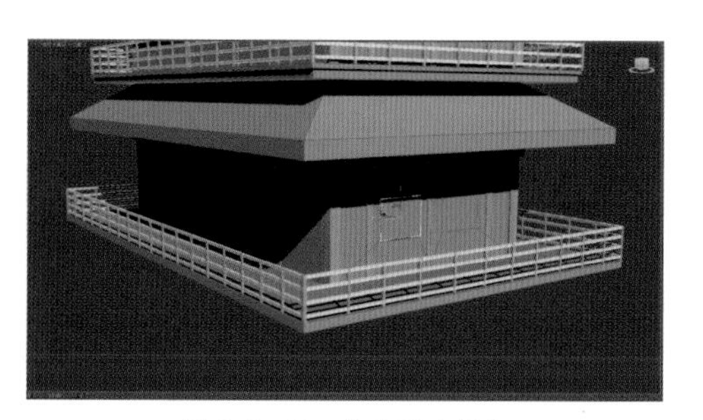
图 2-3-28　挤出窗户厚度

（4）选择增加了厚度的窗户，单击修改面板右侧的【层次】按钮，打开层次面板，然后按下“调整轴”卷展栏下的【仅影响轴】按钮。此时观察视图可以发现模型的变换轴心被显示了出来，现在窗户的变换轴心并不在窗户上，而是在整个一楼模型的中心。这种情况下要对窗户进行变换操作会有很多的麻烦，下面对模型的轴心进行调整。

（5）单击层级面板中的【居中到对象】按钮，如图 2–3–29 所示。将窗户的轴心对齐到窗户模型的中心，此时模型的变换轴心就对齐到了窗户上。完成后再次单击【仅影响轴心】按钮，退出轴心调整状态。

[提示：在运用“分离”命令分离多边形后，分离出来的物体的轴心没有发生变化，即还会在原来的原始物体上。这个时候如果对新分出来的模型旋转或者缩放，它会按照原始物体的轴心来变换，很难达到我们想要的结果。这个问题在制作建筑物上的各种装饰时尤为突出，所以在工作中一定要注意及时调整模型的轴心。]

（6）制作窗户的打开效果。方法是：利用“选择并旋转”工具旋转窗户模型，从而将其打开。然后用“选择并移动”工具将窗户移动到合适的位置，如图 2–3–30 所示。

（7）选择另一个没被打开的窗户模型，按组合键〈Ctrl+V〉，将其用复制的方式克隆出另一个来，并用它来制作窗户框。对这个模型依然还是要调整轴心，以便于以后的变换。方法是：单击【仅影响轴】按钮。然后再单击【居中到对象】按钮，将轴心放到窗户的中点上，如图 2–3–31 所示。接着在轴心调整完毕后，再次单击【仅影响轴心】按钮，退出轴心调整状态。

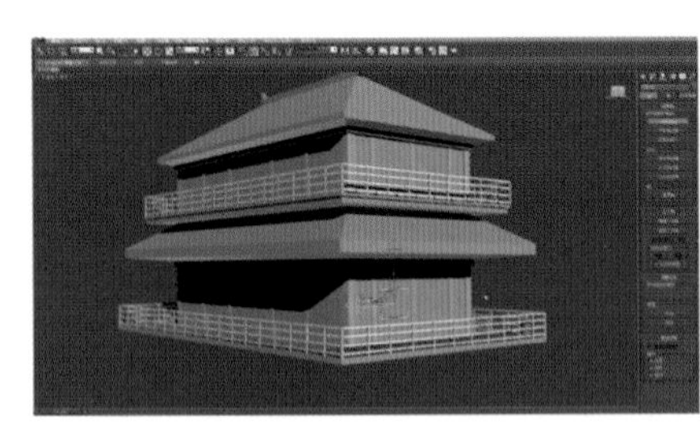
图 2–3–29 轴心调整

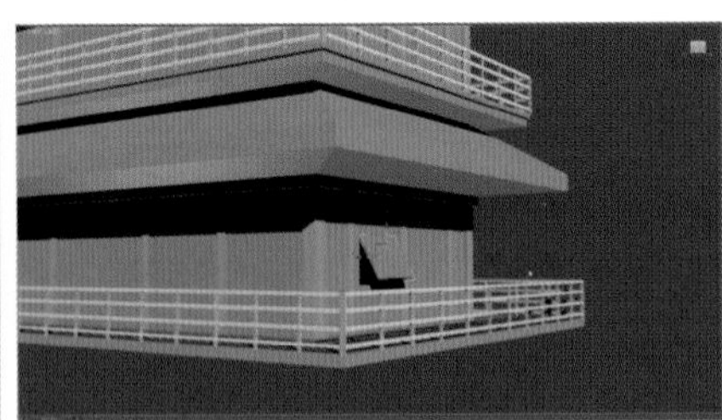
图 2–3–30 设置打开窗户

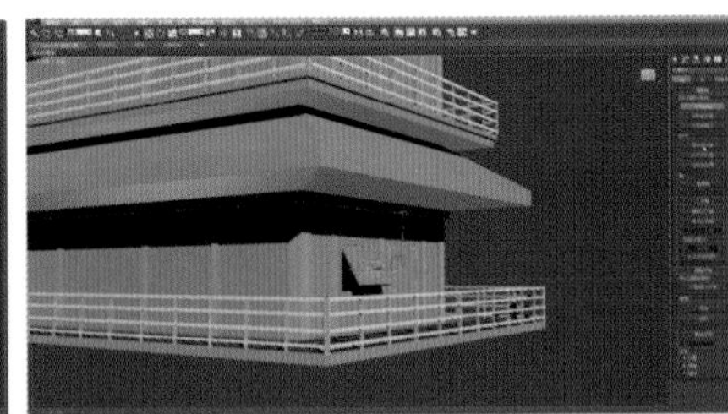
2–3–31 调整轴心

（8）选择新复制出来的窗框模型，按组合键〈Alt+Q〉，执行“孤立当前选择”命令，将隐藏除窗框之外的其他物体。然后按大键盘的数字键〈4〉，进入模型的多边形层级，选择多边形，单击修改面板中的【插入】按钮，执行“插入”命令，在这个多边形中插入一个新的多边形，如图 2–3–32 所示。

（9）选择中下部的两个多边形，按键盘上的〈Delete〉键，将这两个多边形删除，然后进入 顶点层级，将剩下部分的下缘修改整齐。最后选择窗框模型中剩下的三个多边形，按组合键〈Alt+E〉，执行“挤出”命令，给这些多边形挤出厚度来，如图 2–3–33 所示。

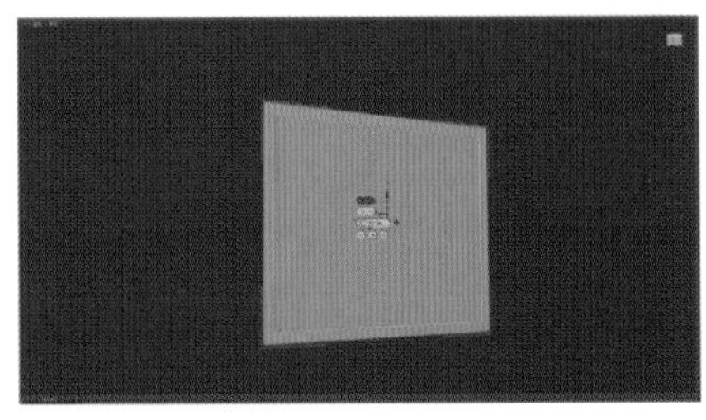
图 2–3–32 插入多边形

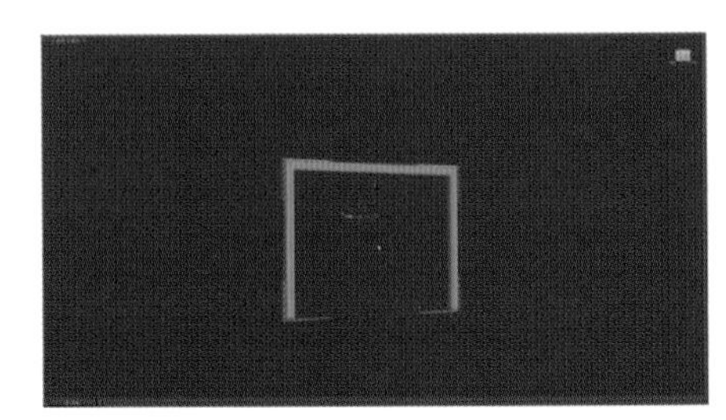
图 2–3–33 制作窗框

（10）窗户在孤立状态下制作完成后，下面将其与其他模型组合在一起并且添加窗台等装饰。方法是：单击视图左上方黄色的【退出孤立模式】按钮，将建筑中其他隐藏的部分显示出来，然后将窗框模型再复制一个给另外的窗户。接着再建立一个所有段数都为“1”的长方体，修改它的大小并把它摆放在窗户的下缘，作为窗台。最后将这个长方体复制给另外的窗户并摆放整齐，从而做出窗台来，如图 2-3-34 所示。完成后右击，在弹出的快捷菜单中选择“转换为可编辑多边形”命令，将这几个长方体转换为可编辑多边形。

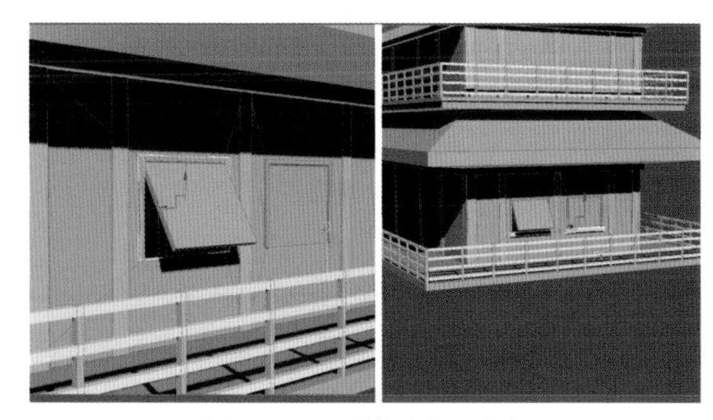
图 2-3-34　制作窗框、窗台

（11）同理，为二楼也添加窗户，然后按住键盘上的〈Shift〉键用“选择并移动”工具移动窗框、窗台，从而将它们复制出来。接着单击，将复制出来的一楼的窗框、窗台拖动到二楼，并调整它们的大小，使其适合二楼的窗户，完成后的结果如图 2-3-35 所示。

（12）使用制作窗户的方法，继续完成一楼窗户的制作及两层楼的门的制作，这里就不再一一赘述了，如图 2-3-36 所示。

（13）建立一个长方体，将其长、宽、高的段数都修改为“1”，然后调整它的形状大小，把这个长方体复制成八个并分别放置在屋檐的四角，如图 2-3-37 所示。最后把这八个长方体都转换为可编辑多边形。

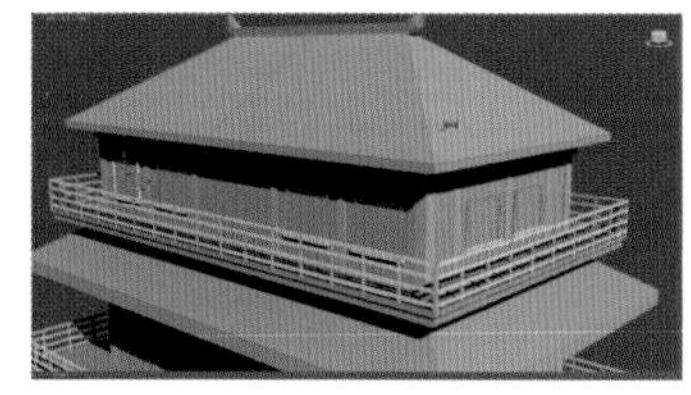
图 2-3-35　制作二楼窗子

图 2-3-36　完成所有窗户门的制作

图 2-3-37　屋角挑梁

四、制作装饰物模型

建筑的装饰物能够说明建筑的功能、历史年代。建筑的装饰物也能给建筑添加很多细节，会让建筑的视觉效果更精彩。比如灯笼就对建筑有很好的修饰作用。

（1）制作灯笼的基础模型，方法是：单击创建面板下（几何体）中的【圆柱体】按钮，在透视图中建立一个圆柱体，然后在修改面板中将模型的高度分段设置为“5”，端面分段设置为“1”，边数设置为“8”，如图 2-3-38 所示。接着在视图中右击，在弹

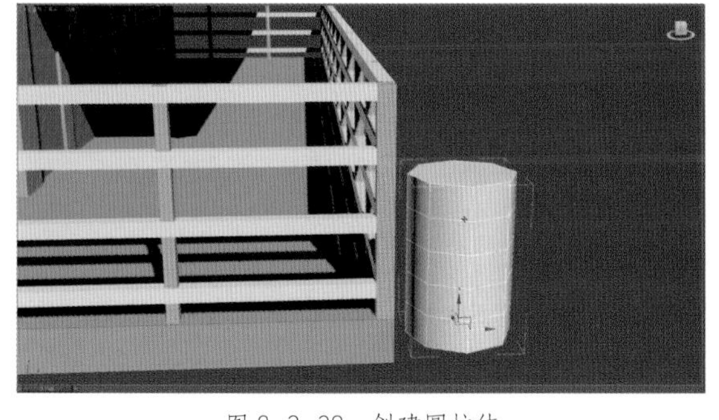
图 2-3-38　创建圆柱体

出的快捷菜单中选择“转换为可编辑多边形”命令，将圆柱体转换为可编辑多边形物体。

（2）选择灯笼模型，按组合键〈Alt+Q〉，执行“孤立当前选择”命令，从而隐藏了除灯笼之外的其他物体。然后按大键盘上的数字键〈2〉，进入模型的边层级，选择模型顶端和底端的边，接着利用“选择并移动”工具，在透视图中将这些边沿 Z 轴分别向上、向下移动。最后选择模型两端的两圈边，利用“选择并均匀缩放”工具将这些边缩小，如图 2-3-39 所示。

（3）尽管游戏中的模型需要尽量精简，但是灯笼中依然有个必要的配件不能省略，那就是骨架。下面就用最简单的多边形来做灯笼的骨架。方法是：单击创建面板下（几何体）中的【平面】按钮，在顶视图中建立一个平面。然后在修改面板中将模型的长度分段和宽度分段都设置为“1”，再在透视图中将这个平面移动到灯笼模型里面，并将其平面调整到适合灯笼的大小。接着在视图中右击，在弹出的快捷菜单中选择“转换为可编辑多边形”命令，将平面转换为可编辑多边形物体。最后将这个物体复制，让两个平面垂直交叉。将它们移动到灯笼的底端，并复制出另外的两个平面把它们移动到灯笼的顶端，这样灯笼的骨架就做好了，如图 2-3-40 所示。

（4）单击视图左上方黄色的【退出孤立模式】按钮，将其他隐藏的部分显示出来。然后将已经制作好的那个灯笼复制出七个，将它们分别安置在两层屋檐的四角，如图 2-3-41 所示。

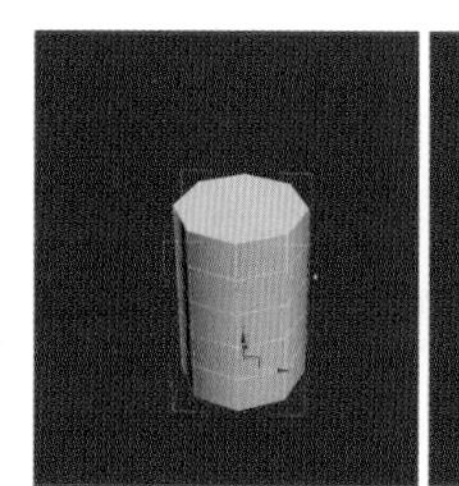

图 2-3-39 编辑圆柱体

图 2-3-40 制作灯笼支架

图 2-3-41 复制并置挂灯

五、制作屋面翘角模型

（1）单击创建面板下（几何体）中的【长方体】按钮，在透视图中建立一个长方体。然后在修改面板中设置模型的长度分段、宽度分段、高度分段都为“1”，接着调整长方体的位置到屋檐的一个角，并将其大小调整到适合屋檐的大小。再在视图中右击，在弹出的快捷菜单中选择“转换为可编辑多边形”命令，将长方体转换为可编辑多边形物体。转换完成后按键盘上的数字键〈4〉进入多边形层级，选择长方体顶面，最后按组合键〈Alt+E〉，执行“挤出”命令，将其挤出，如图 2-3-42 所示。

图 2-3-42 创建翘角长方体

（2）按组合键〈Alt + Q〉，执行“孤立当前选择”命令，然后按大键盘上的数字键〈2〉进入顶点次物体级别，选择顶面的两个顶点，接着在视图中右击，在弹出的快捷菜单中选择“塌陷”命令，将这两个顶点合并到一起。最后选择顶面的另外两个顶点，执行“塌陷”命令将它们也合并到一起，如图 2-3-43 所示。

（3）按住键盘上的〈Shift〉键，利用工具栏中的“选择并移动”工具移动刚才编辑的长方体，从而将其复制。然后单击【退出孤立模式】按钮，将其他隐藏的部分显示出来，调整屋檐上这两个长方体的位置。接着按键盘上的组合键〈Alt+C〉，执行“切割”命令，将屋檐上的两个长方体分别切割出一圈边，并调整这圈边的位置，做出凹陷的效果，如图 2-3-44 所示。

（4）按大键盘上的数字键〈4〉，进入多边形层级，选择屋檐截面的三角形，执行“分离”命令将这个三角形分离出来。然后选择分离出来的三角形，按组合键〈Alt + E〉，执行两次“挤出”命令，将这个三角形挤出两段来。接着按键盘上的数字键〈1〉，进入顶点层级，选择三角形顶面的三个点，右击，在弹出的快捷菜单中选择“塌陷”命令，将顶面塌陷成一个点，如图 2-3-45 所示。最后将这一组模型复制七组，把它们分别安置到其他屋檐角上。

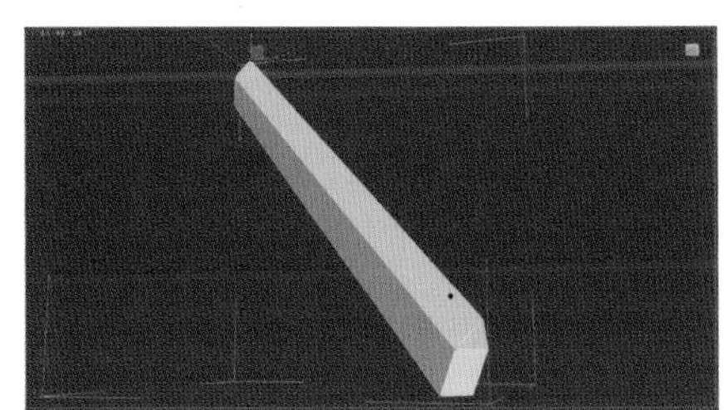
图 2-3-43　塌陷顶点

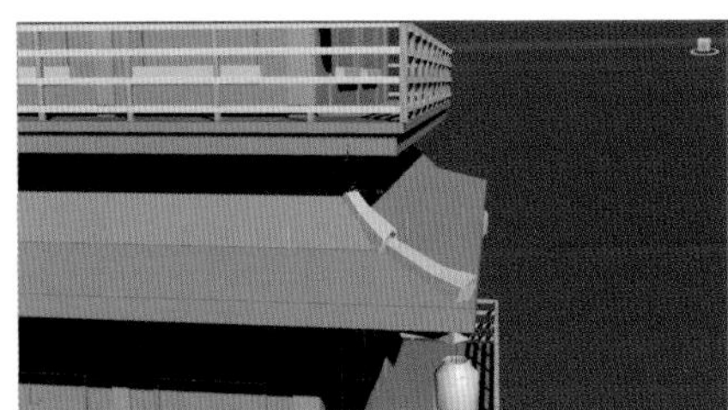
图 2-3-44　编辑复制翘角主体

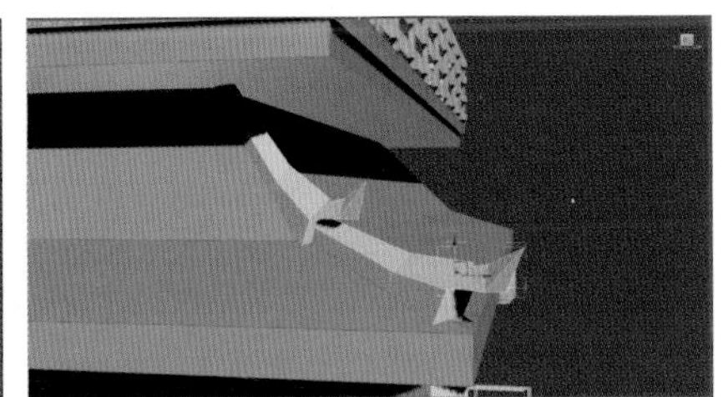
图 2-3-45　制作翘角尖角

（5）选择屋顶模型，调节屋顶坡度。接着退出孤立选择模式，选择一楼的屋檐后按组合键〈Alt+Q〉，孤立当前的选择，将所有的物体都显示出来，再整体观察屋檐的形象，微调屋檐的自然感。使用复制、编辑为八个屋面翘角制作翘角模型。完成后的结果如图 2-3-46 所示。

（6）为房屋模型创建一面旗帜，为我们后面的城楼增加古朴效果。具体的创建方法在此不再叙述，效果如图 2-3-47 所示。

图 2-3-46　整体屋面与翘角模型

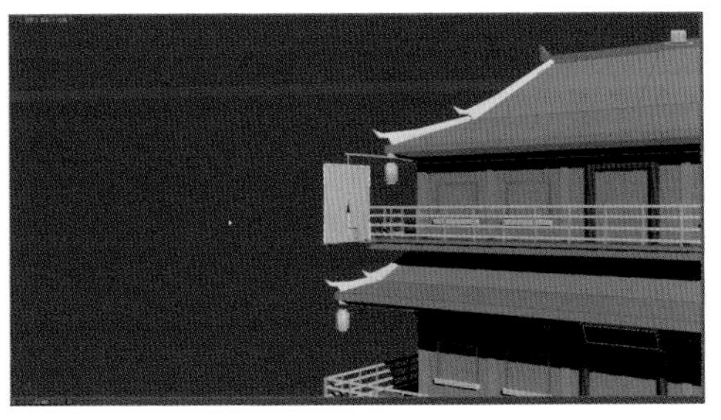
图 2-3-47　旗帜效果

六、制作配景模型

因我们创建的是城楼建筑，为了营造气氛，我们将创建几个容器和木箱子，以此体现古代士兵守城的场景。接下来我们先后创建容器和木箱模型。

（1）选择一个灯笼的主体模型，然后按住键盘上的〈Shift〉键，利用“选择并移动”工具在透视图中沿 Z 轴移动它，接着在弹出的对话框中选择“复制”，单击【确定】按钮，从而将其以复制的方式克隆出另一个来，如图 2-3-48 所示。

（2）选择灯笼模型，按大键盘上的数字键〈2〉，进入边层级，然后选择底部的边将它们放大。接着按大键盘上的数字键〈3〉进入模型的边界层级，选择顶端的边界，单击修改面板“编辑边界”卷展栏下的【封口】按钮，将边界用一个多边形封住，如图 2-3-49 所示。

（3）按大键盘的数字键〈4〉，进入模型的多边形层级，选择顶面用来封口的多边形，单击修改面板“编辑多边形”卷展栏下的【插入】按钮，执行两次插入多边形的操作。最后选择顶面最中间的那个多边形，右击，在弹出的快捷菜单中选择“塌陷”命令，将这个多边形塌陷成一个顶点，并将这个顶点向上移动，如图 2-3-50 所示。

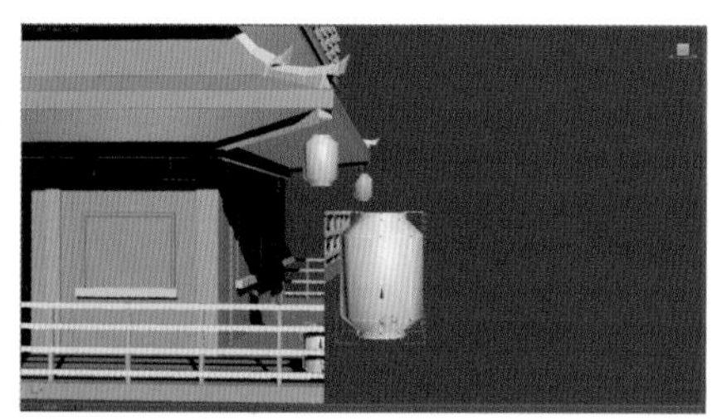
图 2-3-48 复制灯笼模型

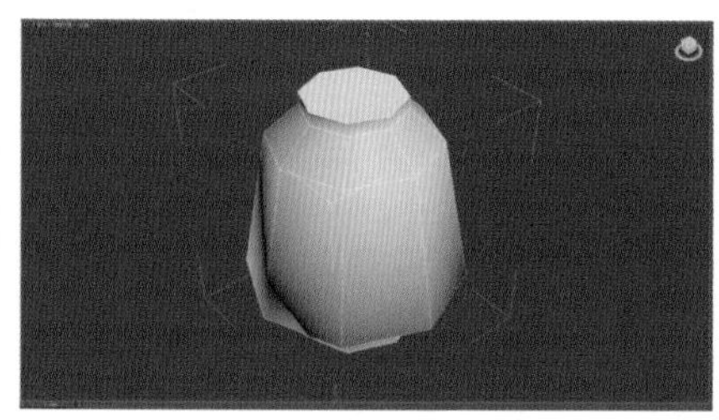
图 2-3-49 编辑容器模型

图 2-3-50 编辑容器顶部

（4）选择容器侧面中部的两个多边形，然后单击修改面板“编辑几何体”卷展栏下的【分离】按钮，将这两个多边形分离成一个新的物体。然后选择新分离出来的物体，按大键盘上的数字键〈2〉进入边层级，选择侧面的一个边后右击，在弹出的快捷菜单中选择“塌陷”命令，将这个边塌陷成一个点。最后把另外一侧的边也同样塌陷成一个点，完成后给这个模型制定一个新的颜色用以和容器区别，它就是容器标签的模型，如图 2-3-51 所示。

（5）选择容器模型和标签模型，然后按住键盘上的〈Shift〉键用“选择并移动”工具，在透视图中沿 X 轴移动它们，将其以复制的方式进行复制。接着调整两个容器的位置和方向来尽量避免雷同感，完成后的结果如图 2-3-52 所示。

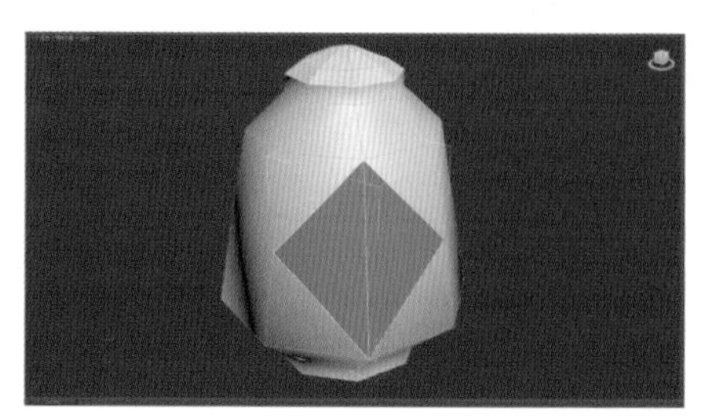
图 2-3-51 创建容器标签

图 2-3-52 复制容器模型

（6）单击创建面板下（几何体）中的【长方体】按钮，在透视图中建立一个长方体。然后在修改面板中设置模型的长度分段、宽度分段和高度分段都为“1”，调整长方体的位置到一楼侧面的窗户下，并调整长方体的大小来适合整个场景。接着选择这个长方体并在视图中右击，在弹出的快捷菜单中选择“转换为可编辑多边形”命令，将这些长方体转换为可编辑多边形物体。最后按大键盘的数字键〈4〉进入模型的多边形层级，选择这个长方体中的所有多边形，单击修改面板中“编辑多边形”卷展栏下的【插入】按钮，在长方体的每个面上都插入一个新的多边形，从而制作一个木箱的模型。完成的结果如图 2–3–53 所示。

（7）微调木箱每个面中新插入多边形的位置，制作出自然感。然后将木箱复制成三个，并把它们摆放在一起，摆放时要注意调整它们的方向以尽量避免雷同，如图 2–3–54 所示。

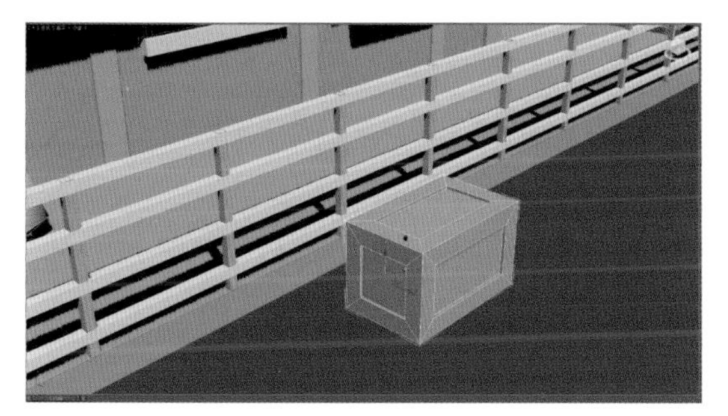

图 2–3–53　制作木箱模型

图 2–3–54　调整复制木箱模型

七、制作城门模型

（1）作为一个城楼建筑，城门是不能少的建筑部分。相对于城楼模型，城门的模型相对比较简单，在创建中我们可以使用前面讲到的技能，创建一个长方体，将其转换为“可编辑多边形”后，对其进行编辑创建。开门洞的方法是：绘制三个大小不一的长方形几何线，将其附加为一个整体线体，在使用创建几何体下的“创建复合体对象”命令下的“图形合并”命令，将其投射到城墙上。接着创建城门装饰模型，效果如图 2–3–55 所示。

（2）整体观察城门在场景中的感觉，调整它们的大小和位置。整个完成后的建筑模型如图 2–3–56 所示。

图 2–3–55　制作城门模型

图 2–3–56　建筑模型整体效果

第四节　绘制模型贴图

整个古城楼的场景由许多结构模型组成，不同的结构有着不同的材质，材质贴图也就各异，我们选择其中几种贴图的绘制进行讲解。对其他贴图的绘制，读者可以根据其方法进行创作，也可以根据读者对古城楼的理解进行个性绘制。

一、墙面贴图的绘制

（1）打开 Photoshop 软件，按组合键〈Ctrl + N〉新建一个文件。为新文件命名为“墙面 .psd”，然后设定文件的高度为“512”像素，宽度为“512”像素。接着打开一个混泥土材质文件，选择工具箱中的移动工具，并用这个工具将图片拖入“墙面 .psd”文件中，如图 2-4-1 所示。

（2）为了丰富墙面的纹理效果，下面要叠加一种类似墙面干裂的素材。方法是：选择石墙文件，选择工具箱中的移动工具，并将文件中图片拖入新建的“墙面 .psd”文件中，然后选择新图层并单击图层面板下方的【添加图层蒙版】按钮添加蒙版，接着按住键盘上的〈Alt〉键并单击蒙版的缩略图打开蒙版，绘制蒙版做出中间黑色边缘白色的带有自然感的效果，再次按住〈Alt〉键并单击蒙版的缩略图关闭蒙版的显示，如图 2-4-2 所示。

图 2-4-1　新建并调入素材

图 2-4-2　叠加石墙素材

（3）改变图层的混合模式为“柔光”，在蒙版的作用下新调入的“石墙”素材与“墙面”素材较好地混合在了一起，如图 2-4-3 所示。

（4）墙面的顶端因为雨水冲刷侵蚀会留下一些痕迹，下面就来添加它们。方法是：选择一个不同的墙面文件，选择工具箱中的移动工具将其拖入“墙面 .psd”文件中，然后选择“图层 5”，单击图层面板下方的【添加图层蒙版】按钮为其添加蒙版，接着按住键盘上的〈Alt〉键并单击蒙版的缩略图打开蒙版，绘制蒙版做出下半部是黑色上半部是白色并带有自然感的效果，最后再次按住〈Alt〉键，单击蒙版的缩略图关闭蒙版的显示。此时在蒙版的作用下，新调入的素材与原来的素材较好地融合在一起，如图 2-4-4 所示。

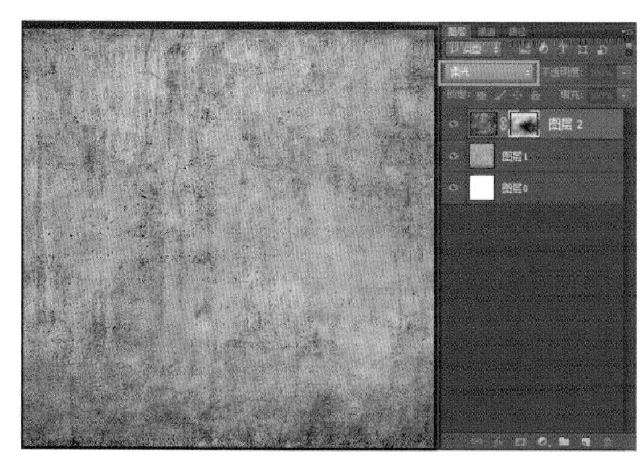

图 2-4-3 加入图层柔光模式

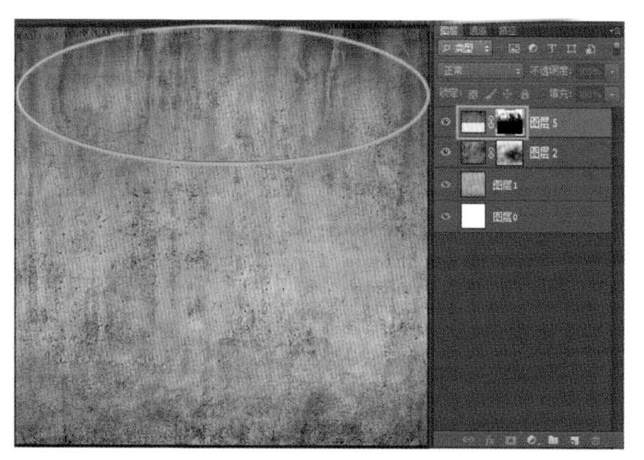

图 2-4-4 叠加墙面素材

（5）打开一个磨损纹理图片文件，选择工具箱中的移动工具将其拖入“墙面 .psd”文件中，然后选择新图层并单击图层面板下方的【添加图层蒙版】按钮给其添加蒙版。接着按住键盘上的〈Alt〉键，单击蒙版的缩略图打开蒙版，单击工具箱中的渐变工具，并用它绘制出蒙版的中间上黑下白的效果，最后再次按住〈Alt〉键并单击蒙版的缩略图关闭蒙版的显示，改变图层的混合模式为“柔光”。此时在蒙版的作用下，新调入的素材与原来的素材较好地融合在一起，如图 2-4-5 所示。

（6）原来贴图的色调是土黄色，感觉更像是一面沾满灰土的泥墙，下面通过“色彩平衡”的调节将整个墙面的颜色调整成倾向于灰蓝色，从而使墙面感觉更加接近于石头的质感，也显得更古老一些。方法是：单击图层面板下方的【创建新的填充和调节图层】按钮，在弹出的菜单中选择“色彩平衡”命令，从而添加一个“色彩平衡”调节图层。然后在弹出的对话框中调节色彩平衡的参数如图 2-4-6 所示，单击【确定】按钮，结果如图 2-4-7 所示。

（7）墙面的漫反射贴图完成后，将完成的贴图保存好。按〈Ctrl+S〉组合键将“墙面 .psd”文件保存，然后按下键盘上的〈Shift+Ctrl+E〉组合键，合并可见图层。并在“墙面 .psd”文件的标题栏上右击，在弹出的快捷菜单中选择“复制”命令，从而复制一个新文件。接着

图 2-4-5 叠加磨损纹理

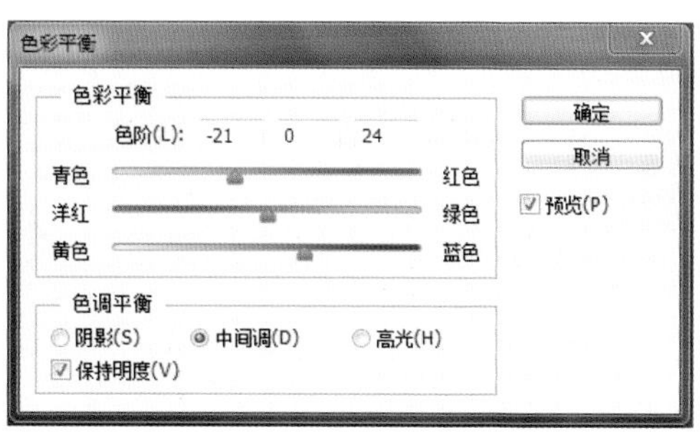

图 2-4-6 色彩平衡参数

图 2-4-7 调整色彩平衡后效果

在弹出的对话框中为新文件命名为“墙面 副本 .psd”，如图 2-4-8 所示，单击【确定】按钮，关闭对话框。最后按〈Shift+Ctrl+S〉组合键，将“墙面 .psd”文件另存为“墙面 .tga”文件，保存好后关闭这个文件。

（8）对“墙面 副本 .psd”文件，选择菜单中的“图像 | 调整 | 去色”命令，将彩色图像变成黑白，结果如图 2-4-9 所示。

图 2-4-8 复制贴图文件

图 2-4-9 去色效果

（9）原来的高光贴图比较苍白，而古墙面是不需要过多高光的。下面我们通过色阶把高光贴图调整得更暗，整体感更强。方法是：单击图层面板下方的【创建新的填充和调节图层】按钮，在弹出的菜单中选择“色阶”命令，从而添加一个“色阶”调节图层。接着在弹出的对话框中调节色阶，如图 2-4-10 所示，单击【确定】按钮关闭对话框，调节的结果如图 2-4-11 所示。最后按〈Shift+Ctrl+S〉组合键将“墙面 副本 .psd”文件另存为“墙面 副本 .tga”文件，保存完成后关闭这个文件。

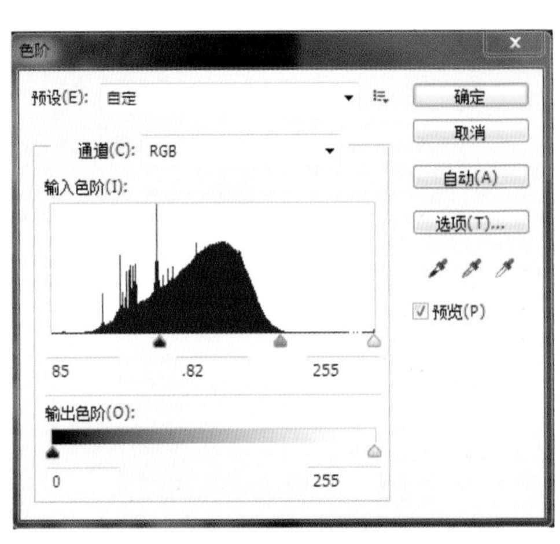

图 2-4-10 色阶参数

图 2-4-11 最终高光贴图效果

二、污渍贴图的绘制

（1）按组合键〈Ctrl + N〉新建一个文件，然后设定文件的高度为“128”像素，宽度为“256”像素，背景色为纯白色，如图 2–4–12 所示。

（2）选择一个“磨损纹理”图片文件，选择工具箱中的移动工具将其拖入新建的文件中，如图 2–4–13 所示。

（3）单击“图层 1”前的【可视图标】按钮，关闭显示。然后选择“背景”图层给背景层填充黑色，如图 2–4–14 所示。

图 2–4–12　新建文件

图 2–4–13　调入纹理图片

图 2–4–14　给背景填充黑色

（4）单击【可视图标】按钮打开“图层 1”的显示，然后改变图层的混合模式为“柔光”。此时“图层 1”的纹理与背景层的黑色混合后，贴图整体被深灰色所笼罩，很明显地暗了下来，如图 2–4–15 所示。

（5）选择一个墙面图片文件，选择工具箱中的移动工具将墙面图片拖入前面的文件中，如图 2–4–16 中 A 所示。然后选择“图层 2”，单击图层面板下方的【添加图层蒙版】按钮，添加蒙版。接着按住键盘上的〈Alt〉键，单击蒙版的缩略图打开蒙版，绘制蒙版画出顶端白色的锯齿效果，如图 2–4–16 中 B 所示。最后再次按住〈Alt〉键，单击蒙版的缩略图关闭蒙版的显示，完成的结果如图 2–4–16 中 C 所示。

［提示：此处叠加的素材是为了制作出墙面顶端受到雨水侵蚀的效果，所以在绘制蒙版时也绘制了一个水渗透时经常会有的锯齿形状。］

图 2–4–15　调整图层混合模式

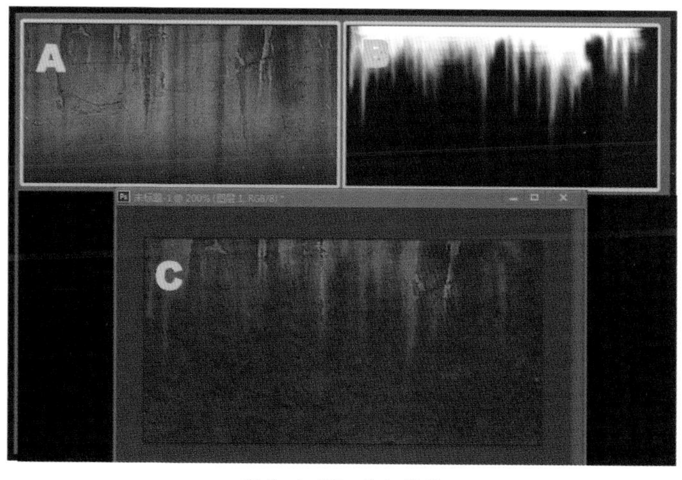

图 2–4–16　叠加纹理

（6）选择一张青苔图片文件，选择工具箱中的移动工具将青苔图片拖入前制作文件中，如图 2-4-17 中 A 所示。然后选择新图层并单击图层面板下方的【添加图层蒙版】按钮，添加蒙版，接着按住键盘上的〈Alt〉键单击蒙版的缩略图打开蒙版，绘制蒙版画出顶端白色的渐变效果，如图 2-4-17 中 B 所示。最后再次按住〈Alt〉键，单击蒙版的缩略图关闭蒙版的显示，并改变图层的混合模式为“柔光”，完成的结果如图 2-4-17 中 C 所示。

（7）单击图层面板下方的【创建新的填充和调节图层】按钮，在弹出的菜单中选择“曲线”命令，在弹出的“曲线”对话框中调节曲线如图 2-4-18 所示，最后单击【确定】按钮关闭对话框。此时经过曲线的调节后整个画面不再昏暗，变得明朗了很多，如图 2-4-19 所示。

图 2-4-17　叠加青塔图片

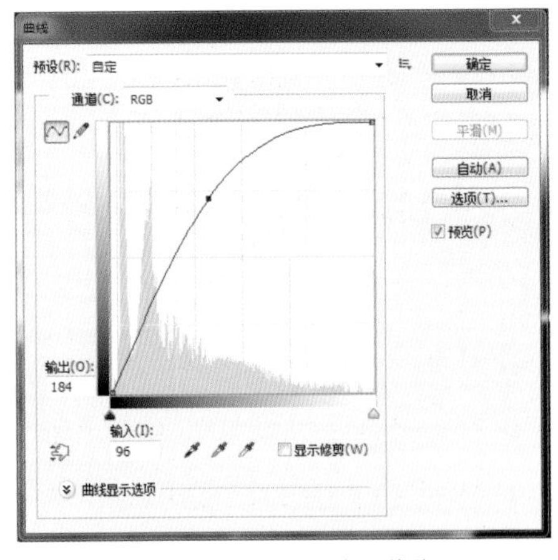

图 2-4-18　设置曲线数值

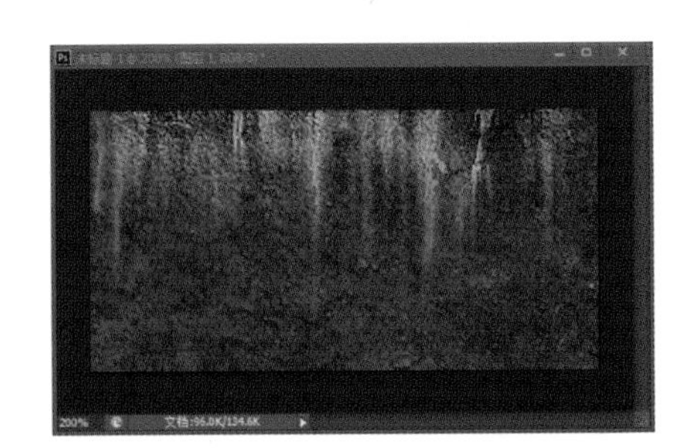

图 2-4-19　调节曲线后效果

（8）单击图层面板下方的【创建新的填充和调节图层】按钮，在弹出的菜单中选择“色相 / 饱和度”命令，在弹出的对话框中调节参数如图 2-4-20 所示，最后单击【确定】按钮关闭对话框。此时经过色相和饱和度的调节，色调中的绿色增加了整个画面中青苔的感觉，如图 2-4-21 所示。

图 2-4-20　设置色相饱和度数值

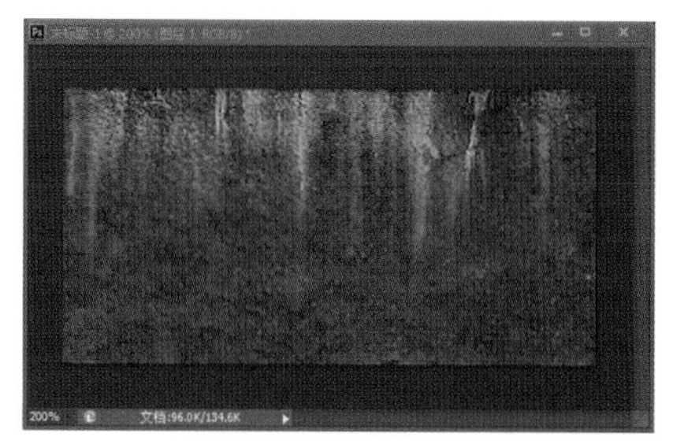
图 2-4-21　设置色相饱和度后效果

（9）单击图层面板下方的【创建新的填充和调节图层】按钮，在弹出的菜单中选择“曲线”命令，并在弹出的对话框中调节参数如图 2-4-22 中 A 所示，单击【确定】按钮，关闭对话框。然后选择曲线图层单击图层面板下方的【添加图层蒙版】按钮，添加蒙版，接着按住键盘上的〈Alt〉键并单击蒙版的缩略图，打开蒙版，绘制蒙版并画出顶端白色的渐变效果，如图 2-4-22 中 B 所示。最后再次按住〈Alt〉键单击蒙版的缩略图关闭蒙版的显示，完成后贴图的最顶端明显暗了下来，如图 2-4-22 中 C 所示。

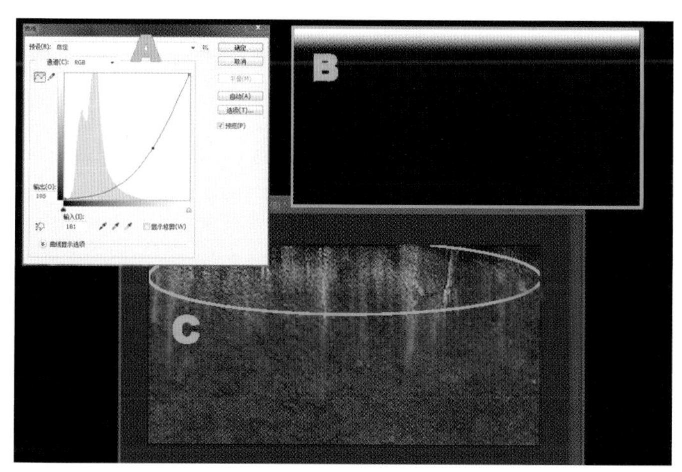

图 2-4-22　设置曲线效果

（10）污渍贴图绘制之后还需要制作一张高光贴图，高光贴图是利用已经绘制完成的漫反射贴图来进行去色得到的。方法是：在“污渍贴图”文件的标题栏上右击，在弹出的快捷菜单中选择“复制”命令，从而复制出一个新文件。然后在弹出的对话框中为新文件命名为副本文件，单击【确定】按钮，关闭对话框。接着将“污渍”文件保存并关闭。最后选择副本文件，选择菜单中的“图像 | 调整 | 去色”命令，将图像变成黑白，如图 2-4-23 所示。

（11）污渍贴图表现的是窗户下方雨水侵蚀的痕迹，它不能太亮也没有什么高光，下面利用调整色阶的办法把高光贴图调暗。方法是：单击图层面板下方的【创建新的填充和调节图层】按钮，在弹出的菜单中选择“色阶”命令，然后在弹出的对话框中调节色阶如图 2-4-24 所示，单击【确定】按钮，关闭对话框。完成的高光贴图如图 2-4-25 所示。最后按组合键〈Shift+Ctrl+S〉，将其另存文件，保存完成后关闭文件。

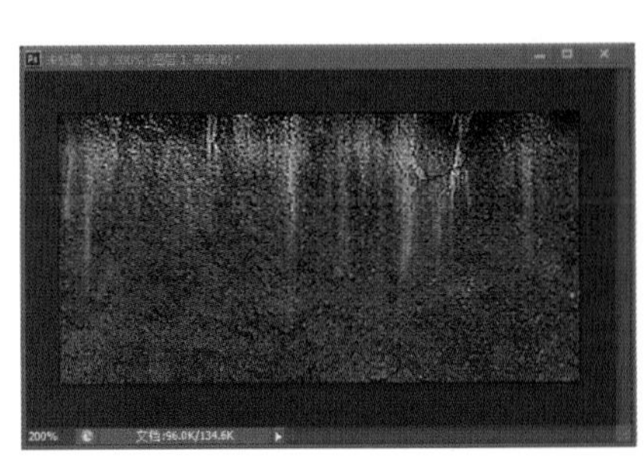
图 2-4-23 高光贴图去色效果

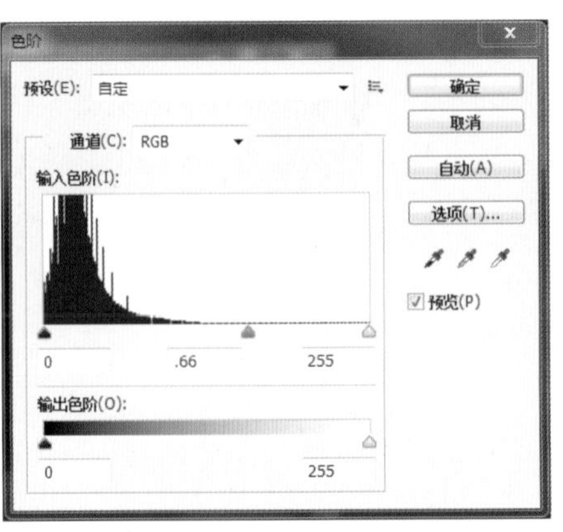

图 2-4-24 设置色阶

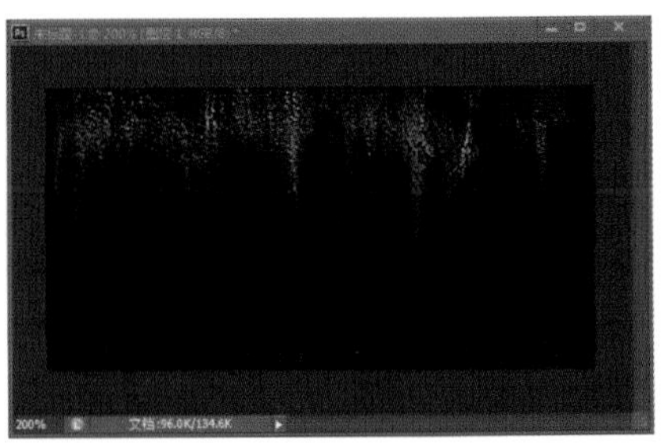
图 2-4-25 污渍高光贴图最终效果

三、窗户贴图的绘制

（1）按组合键〈Ctrl + N〉新建一个文件，然后设定文件的高度为“256”像素，宽度为“256”像素。接着打开准备好的图片文件，选择工具箱中的移动工具将此素材拖动到文件中，如图 2-4-26 所示。

（2）原来的窗户素材颜色比较鲜艳，下面通过“色相 / 饱和度”的调整，将其处理得陈旧一些。方法是：单击图层面板下方的【创建新的填充和调节图层】按钮，在弹出的菜单中选择“色相 / 饱和度”命令，然后在弹出的对话框中调节参数如图 2-4-27 所示，单击【确定】按钮，关闭对话框。在经过调整后，窗户的颜色暗淡了很多，显得更加陈旧了。

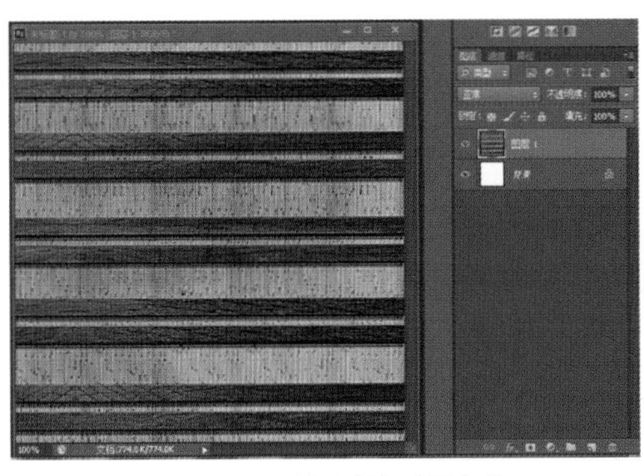
图 2-4-26 新建窗户贴图文件

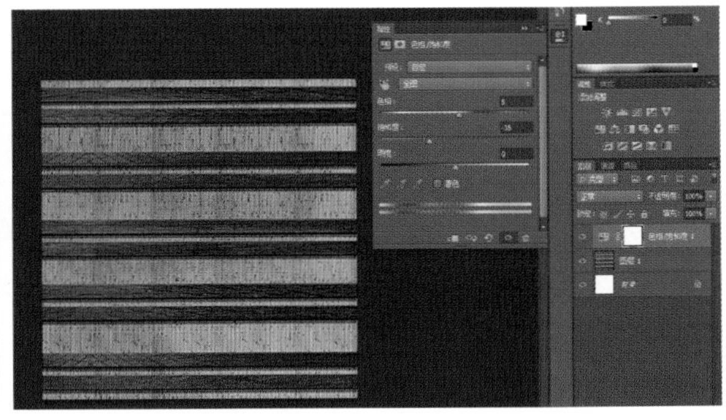
图 2-4-27 调节色相饱和度

（3）使用矩形框选工具，选择文件图片中一根横木条，按〈Ctrl + J〉复制一个图层，接着按〈Ctrl + T〉调出变形框，点击右键选择旋转 90 度，并调整好位置。然后单击【添加图层蒙版】按钮添加蒙版，打开蒙版后，绘制蒙版在四个木条的位置画成白色，关闭蒙版。接着单击【添加图层样式】按钮，在菜单中选择“外发光”命令，在弹出的“图层样式”对话框中设置发光的颜色为黑色，设置参数。最后关闭对话框，能看到在贴图中出现了阴影的效果，如图 2-4-28 所示。

（4）打开一个木板图片文件，选择工具箱中的移动工具将其拖入文件中，如图 2-4-29 所示。这样窗户的漫反射贴图就绘制完成了，接下来要制作的是高光贴图。

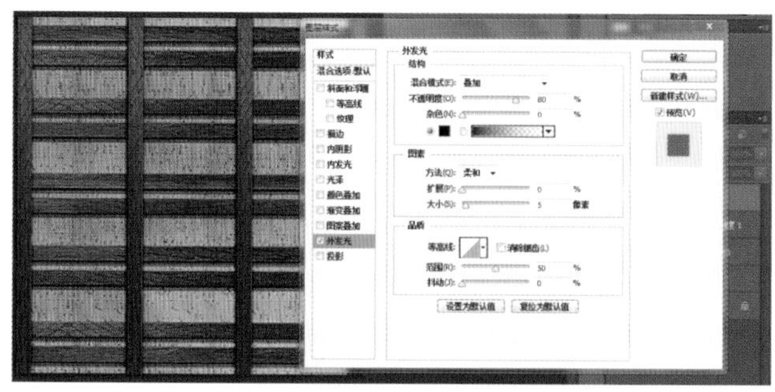

图 2-4-28　添加素材并调节图层样式

图 2-4-29　增加横木

（5）在绘制好的窗户贴图文件的标题栏上，右击，在弹出的快捷菜单中选择“复制”命令，从而复制一个新文件，单击【确定】按钮，关闭对话框。接着按〈Shift+Ctrl+S〉组合键，将“窗户 .psd”另存为“窗户 .tga”文件并将其关闭。最后选择复制的文件，选择菜单中的“图像 | 调整 | 去色”命令，将图像变成黑白，结果如图 2-4-30 所示。

（6）单击图层面板下方的【创建新的填充和调节图层】按钮，在弹出的菜单中选择“色阶”命令，然后在弹出的对话框中调节参数，单击【确定】按钮，关闭对话框。接着继续单击【创建新的填充和调节图层】按钮，选择“亮度 / 对比度”命令，设置参数，单击【确定】按钮，关闭对话框。再打开这个图层的蒙版，在蒙版中将所有窗框窗棂都画成黑色，此时关闭蒙版的显示后能看到高光贴图，如图 2-4-31 所示。最后按〈Shift+Ctrl+S〉组合键将文件另存为 .tga 格式文件，并将其关闭。

[提示：高光贴图能突出模型的质感，尤其是有特写的场景更需要由高光贴图来表现。但是针对不同的引擎，高光的表现并不一样，也有一些引擎对高光贴图的支持并不完善，不过随着硬件技术的发展，利用高光贴图表现质感必然会是未来的主流。 高光贴图的制作比较简单，主要思路就是先把漫反射贴图复制出来，然后执行“去色”命令，最后根据高光强弱来调节贴图的明暗。在我们的古城楼场景中，我们绘制了许多贴图，每张漫反射贴图都配有高光贴图来控制高光，它们的数量很多。所以只用以上几个例子来说明高光贴图的做法，其他的高光贴图不再进行详细的讲解。]

图 2-4-30　窗户高光贴图去色

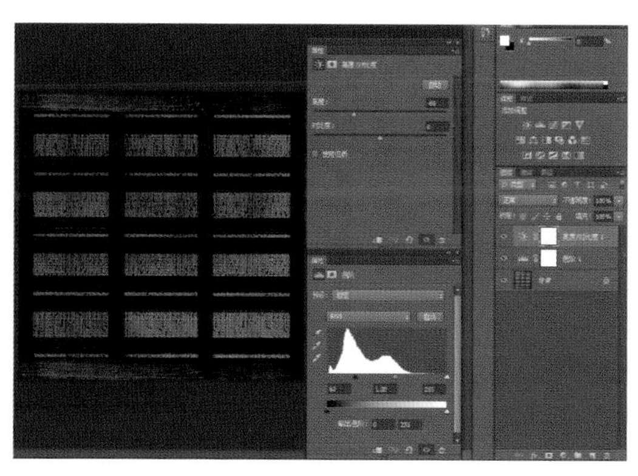

图 2-4-31　调整窗户高光贴图

四、木板贴图的绘制

（1）按组合键〈Ctrl+N〉新建一个文件，并设定文件的高度为“256”像素，宽度为“256”像素。然后打开一个木拼板图片文件，接着选择工具箱中的移动工具并将其拖入新建文件中，如图 2-4-32 所示。

（2）当前的贴图比较灰暗，下面进行适当调亮。方法是：单击图层面板下方的【创建新的填充和调节图层】按钮，在弹出的菜单中选择“色阶”命令，然后在弹出的对话框中调节参数如图 2-4-33 所示，得到我们需要的效果后单击【确定】按钮，关闭对话框。

图 2-4-32　新建木板文件

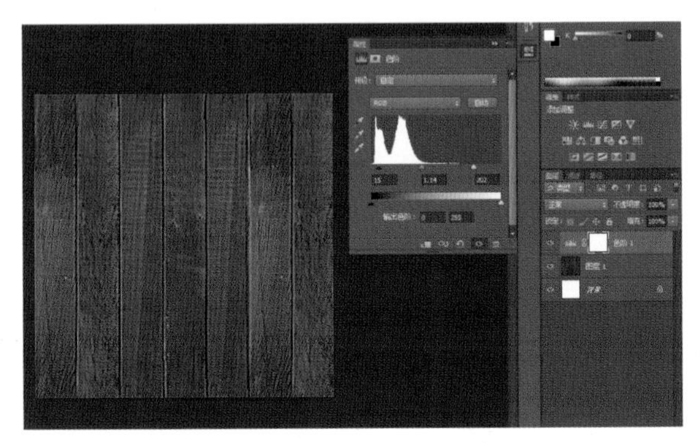

图 2-4-33　调节木板亮度

（3）减少新鲜木料所具有的黄色成分，增加陈旧感。方法是：单击图层面板下方的【创建新的填充和调节图层】按钮，在弹出的菜单中选择“色彩平衡”命令，然后在弹出的对话框中调节参数，如图 2-4-34 所示，得到我们需要的效果后单击【确定】按钮，关闭对话框。

（4）木拼版的破旧感依然不够，下面给它再添加一层污渍。方法是：选择打开一个纹理文件，如图 2-4-35 中 A 所示。然后选择工具箱中的移动工具并将其拖入木拼板绘制文件中。接着单击图层面板下方的【添加图层蒙版】按钮，添加蒙版，再按住键盘上的〈Alt〉键，单击蒙版的缩略图，打开蒙版，将蒙版绘制成如图 2-4-35 中 B 所示的样子。此时关闭蒙版的显示后，结果如图 2-4-35 中 C 所示。但是这样的效果并不理想，所以还要改变图层的混合模式为“柔光”，最后完成的结果如图 2-4-35 中 D 所示。

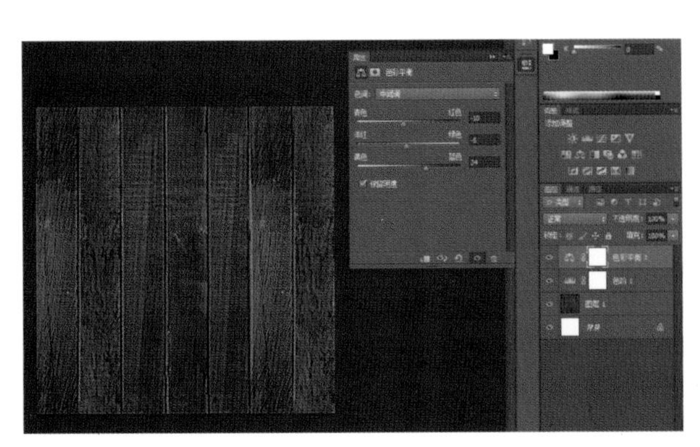

图 2-4-34　调节木板色彩平衡

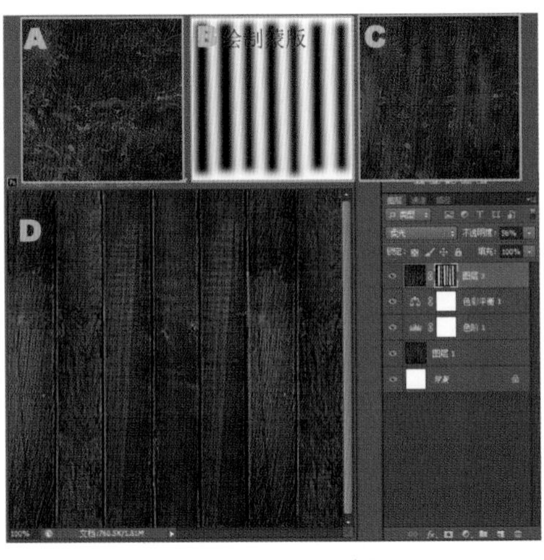

图 2-4-35　添加污渍纹理

（5）选择打开一个纹理图片文件，如图 2-4-36 中 A 所示。选择工具箱中的移动工具并将素材拖入木拼板绘制文件中。然后单击图层面板下方的【添加图层蒙版】按钮添加蒙版，接着按住键盘上的〈Alt〉键单击蒙版的缩略图打开蒙版，将蒙版绘制成如图 2-4-36 中 B 所示的样子。关闭蒙版的显示后的结果如图 2-4-36 中 C 所示。但是这样的效果并不理想，所以还要改变图层的混合模式为“柔光”，最后完成的结果如图 2-4-36 中 D 所示。

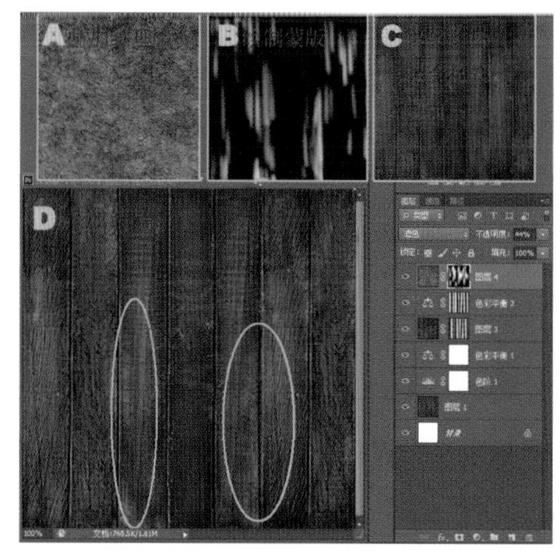

图 2-4-36　丰富木板效果

五、其他贴图的绘制

除了已经绘制完成的贴图之外还有一些其他的贴图，比如“屋顶瓦面”“门板”“地砖”“灯笼”等，如图 2-4-37 和 2-4-38 所示。由于篇幅所限，我们不能把所有的贴图制作过程都讲述一遍。不过在其他贴图的制作中并没有用到什么新技巧，比较典型及难度高的贴图已经详细讲解过。在其他的贴图绘制中只要根据已经有的知识来灵活运用即可。

图 2-4-37　其他贴图（1）

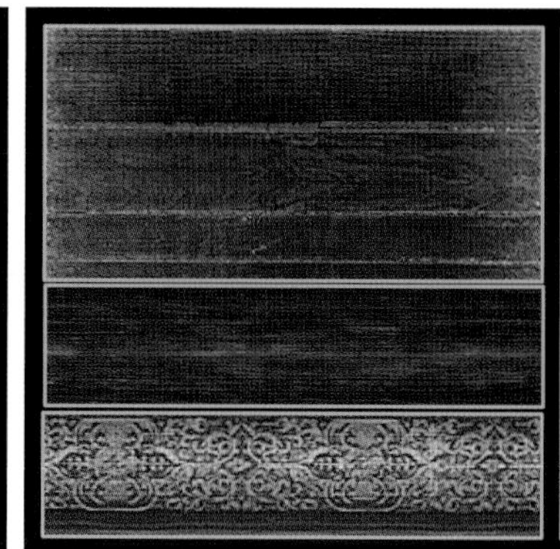

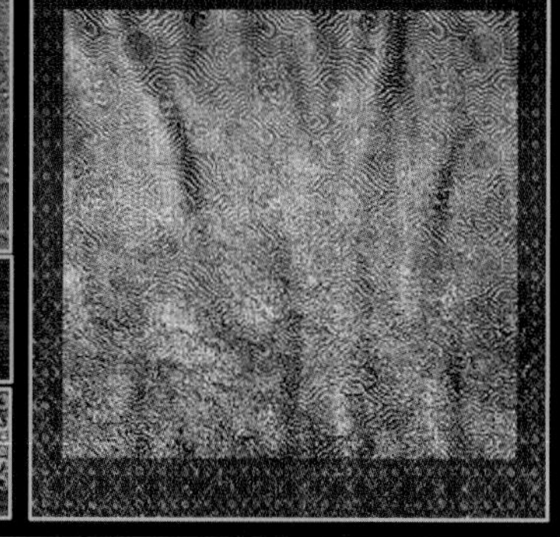

图 2-4-38　其他贴图（2）

第五节　贴图与渲染

给模型贴图，就像我们装修房子一样，建好的模型是毛坯房，贴图就是对毛坯房进行装饰。贴图给模型设定材质属性，为场景设定符合的时间、氛围等，营造符合需求的场景空间。贴图工作在三维场景制作中也是一个重要的环节。材质赋予的质感，直接影响场景的视觉感受，影响作品的质量。

场景渲染是场景制作过程中类似产品下线的过程，其主要环节是布置摄像机角度、灯光以及设置渲染器参数等，这也是控制着场景效果的最后环节。渲染结束后，再经过相关软件的后期合成制作，作品就完成了。

一、调整模型与墙面贴图

（1）在做贴图之前，我们要对制作好的模型做一些调整设置，因为制作模型阶段，有些操作设置有利于准确快速地制作模型，而到了材质贴赋阶段，我们在不改变模型原来形状的情况下，需要对模型进行增加物体、删减物体、分离对象、合并对象等操作。就古城楼模型而言，在贴材质前，也需要对其进行一些调整，如图 2–5–1 所示。

［提示：贴图前对模型的调整是一项个性化的工作，和设计制作师的习惯和不同模型材质的特点有关。模型的调整使用的命令基本都是前面讲授过的，比如编辑多边形的“分离”命令、物体对象的“塌陷”命令等。］

（2）选择古城楼一楼城门的模型，然后按组合键〈Alt ＋ Q〉，执行“孤立当前选择”命令，将其他模型隐藏，如图 2–5–2 所示。

（3）按键盘上的〈M〉键，打开“材质编辑器”面板，选择一个空白的材质球，如图 2–5–3 中 A 所示，并为这个材质命名为“墙面”，如图 2–5–3 中 B 所示。然后单击如图 2–5–3 中 C 所示的按钮，从而打开“材质 / 贴图浏览器”对话框。接着双击【位图】按钮，如图 2–5–3 中 D 所示，最后在弹出的“选择位图图像文件”面板中找到硬盘中已经保存好的墙面图片文件，将其打开。

［提示：在模型数量比较多的场景中，为模型制定材质时最好要明确地为所有的材质命名，这样能方便地对材质进行管理。］

图 2–5–1 调整模型

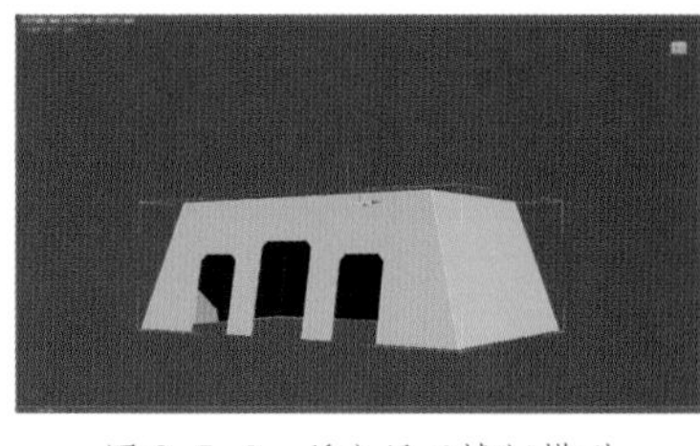

图 2–5–2 孤立显示城门模型

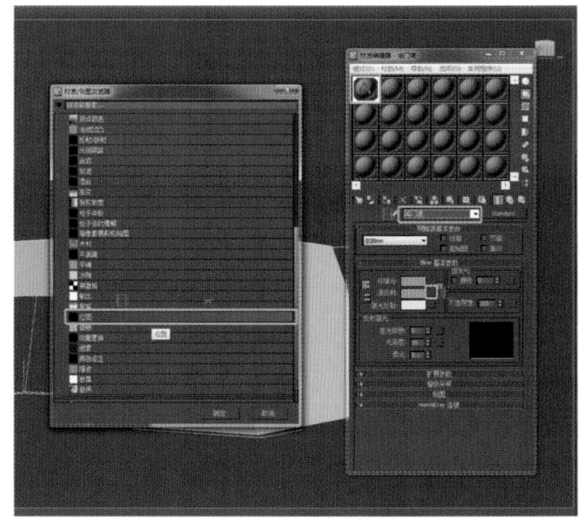

图 2–5–3 打开城门墙贴图

（4）单击【将材质指定给选定对象】按钮，如图 2–5–4 中 A 所示，将材质指定给城楼一楼模型。然后单击【在视图中显示贴图】按钮，如图 2–5–4 中 B 所示，将贴图显示出来。接着单击【转到父对象】按钮，如图 2–5–4 中 C 所示，回到上一级。

（5）刚才添加的是漫反射通道的贴图，下面再来添加高光级别通道，它们的添加方法几乎是一样的。首先单击“高光级别”通道后面的方形按钮，如图 2–5–5 中 A 所示。然后在弹出的“材质 / 贴图浏览器”对话框中双击【位图】按钮，如图 2–5–5 中 B 所示。最后在弹出的“选择位图图像文件”面板中找到硬盘中已经保存好的墙面高光贴图文件，将其打开。

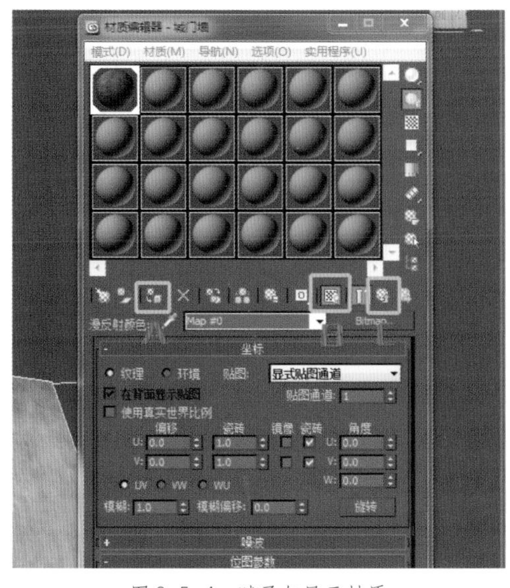

图 2-5-4　赋予与显示材质

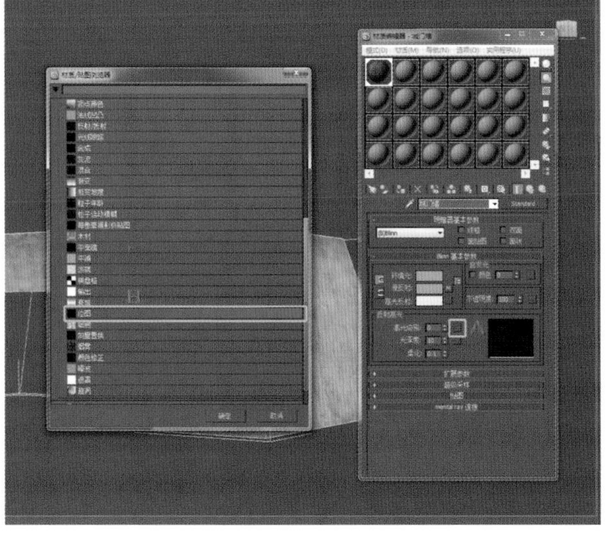

图 2-5-5　添加高光贴图

（6）添加完成后能看到视图中的模型上显示出了贴图，如图 2-5-6 所示。但是贴图的显示并不正确，还需要再调整 UVW 贴图坐标。

（7）在修改面板的修改器列表中选择“UVW 贴图”修改器，将其添加到修改器堆栈中，如图 2-5-7 中 A 所示。然后选择“长方体”选项，如图 2-5-7 中 B 所示。

（8）在修改面板的修改器列表中选择“UVW 展开”修改器，将其添加到修改器堆栈中，如图 2-5-8 中 A 所示。然后单击“编辑”按钮，如图 2-5-8 中 B 所示，打开“编辑 UVW”面板，调节贴图坐标的主要工作都要在这个面板中完成。打开面板后能看到现在的贴图坐标错乱地重叠在一起，如图 2-5-8 中 C 所示。

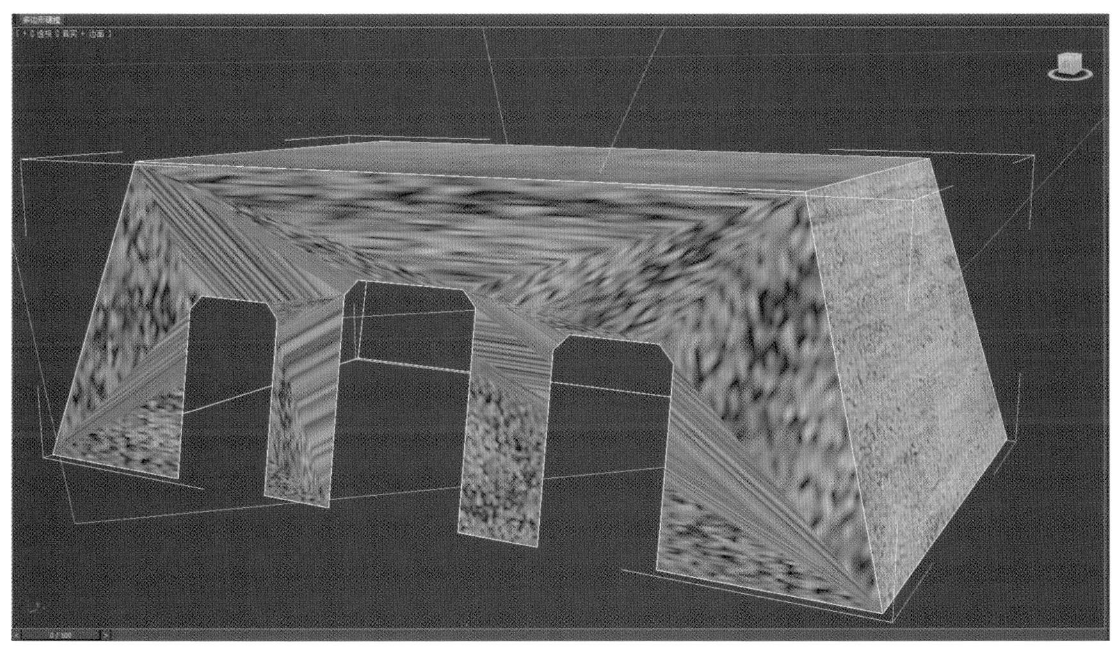

图 2-5-6　显示贴图

图 2-5-7 添加 UVW 贴图坐标

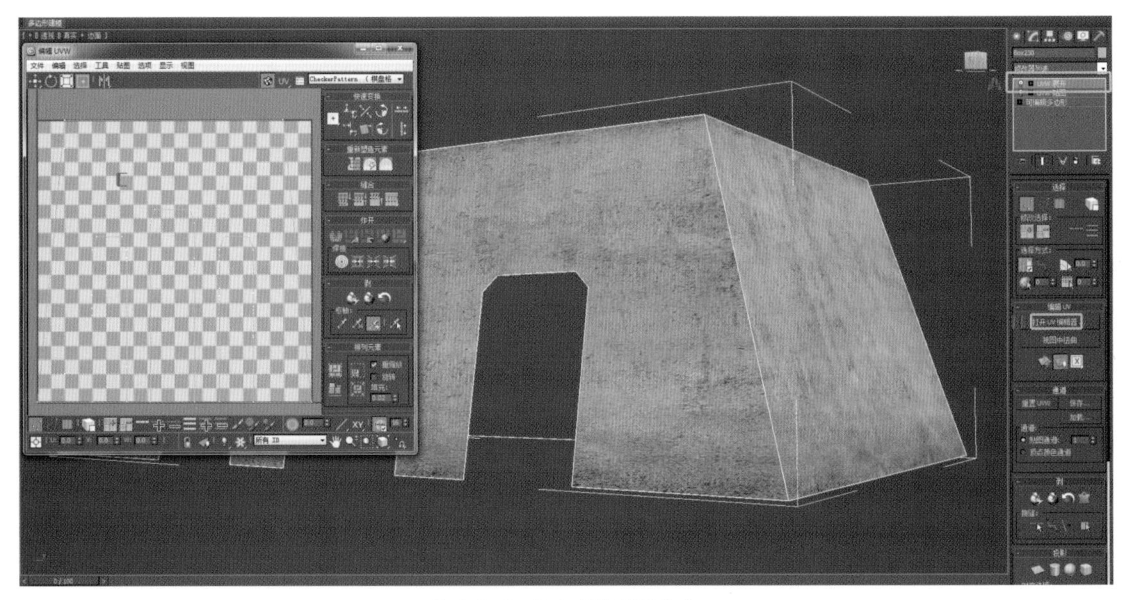

图 2-5-8 添加 UVW 展开命令

（9）单击【面子对象模式】按钮，选用【选择元素】按钮，如图 2-5-9 中 A 所示。然后选择城楼一楼贴图坐标中的各个元素，逐个将它们均匀地摆开，如图 2-5-9 中 B 所示。接着利用自由形式模式工具调整贴图坐标的形状，将它们调节成为一些大小相等的形状，如图 2-5-9 中 C 所示。

（10）应用 UVW 展开命令，对模型的各个面进行移动、放缩和旋转，最后我们得到如图 2-5-10 所示的贴图效果。

（11）同理，选择城楼二、三楼的模型，然后添加“UVW 展开”修改器，并调整贴图坐标。接着将正面和背面重叠，两个侧面重叠，整理好之后，二、三楼的贴图坐标就也调整完成了，如图 2-5-11 所示。

图 2-5-9 调节贴图坐标

图 2-5-10 调整好贴图坐标

图 2-5-11 完成墙面贴图

二、楼门贴图

（1）楼门和墙面是一体的，它们共用一个模型，所以要为这个模型进行面的分离，分离方法和前面的建模技法一致。

（2）选择一个新的材质样本球，点击【添加位图】为其添加准备好的大门贴图图片。在材质编辑器的该样本球选择状态下，点击打开显示图标，使之在视图中显示贴图，方便后面调整贴图坐标。这时发现显示出来的大门贴图是不正确的，所以需要调整大门模型的贴图坐标，如图 2-5-12 所示。

（3）在修改面板的修改器列表中选择“UVW 展开”修改器，将其添加到修改器堆栈中。然后进入“UVW 展开”修改器的面次物体级别，如图 2-5-13 中 A 所示。接着选择大门的两个面，如图 2-5-13 中 B 所示。最后单击【编辑】按钮，如图 2-5-13 中 C 所示。

图 2-5-12 赋予楼门贴图

图 2-5-13 添加 UVW 展开命令

（4）在视图中选择的两个面也会在弹出的“编辑 UVW”面板中被选择。然后选择菜单中的“断开”命令，如图 2-5-14 中 A 所示，将大门的贴图坐标分离出来。最后用自由形式模式工具调整大门的贴图坐标，让其中的每个多边形都是正方形并且让其大小充满贴图的有效范围框，如图 2-5-14 中 B 所示。

（5）贴图坐标正确后，大门模型的两个多边形中，正好每个多边形都被赋予了一扇门的贴图，如图 2-5-15 所示。

（6）同理，调整三楼大门的贴图坐标，制作方法和二楼大门基本一样。唯一不同的是三楼的大门模型要小一点，要注意调整贴图坐标。完成后的效果如图 2-5-16 所示。

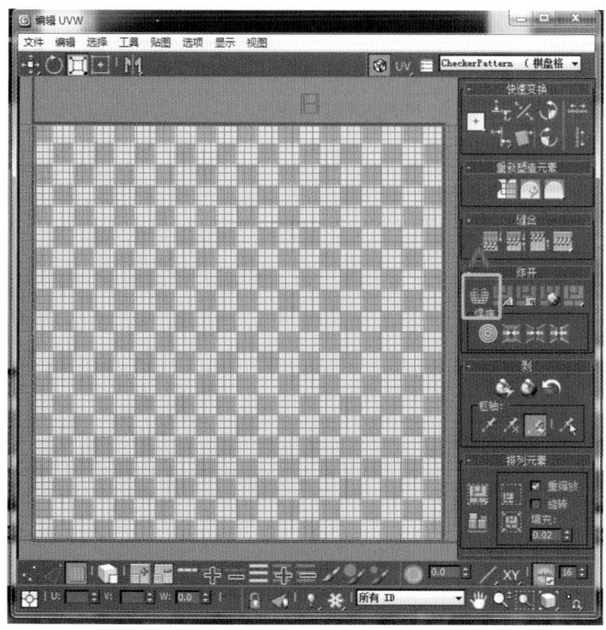

图 2-5-14 调整贴图坐标

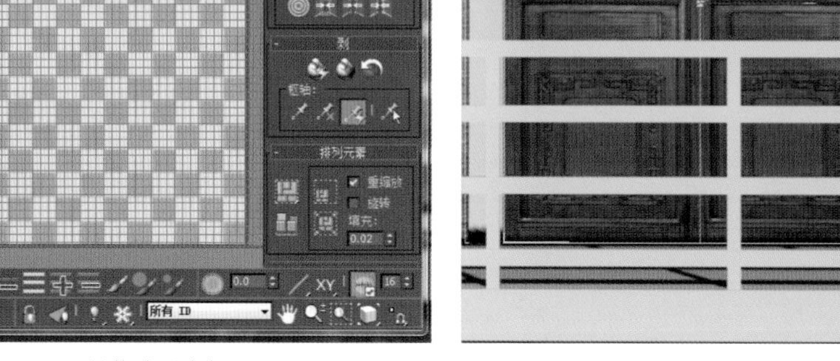

图 2-5-15 调整好坐标的大门贴图

图 2-5-16 大门贴图效果

三、屋顶与栏柱贴图

（1）城楼剩下的部分中比较有代表性的就是屋顶和栏柱了，这部分的贴图调节过程与前面类似，如图 2-5-17 所示。

（2）调节完房梁和屋面后，接下来调整的是大小柱子、门框、窗户、窗框、窗台的贴图，这些物体都是长方体，在赋予它们材质后，它们的贴图坐标基本不用去调整。只要给这些模型添加“UVW 贴图”修改器，然后指定一个“长方体”的贴图坐标即可。完成后的结果如图 2-5-18 所示。

（3）给建筑装饰道具赋予贴图，并调整它们的贴图坐标。其中，旗子比较特殊，它要添加不透明贴图。完成后的结果如图 2-5-19 所示。

图 2-5-17　屋面贴图

图 2-5-18　栏柱贴图效果

图 2-5-19　整体完成效果

四、设置渲染

（1）模型渲染前，我们为模型添加地面、城墙场景辅助模型，添加方法在前面建模技法和贴图技法中讲过，效果如图 2-5-20 所示。

（2）一个场景要渲染，不管是渲染静帧图还是浏览动画图，都需要设定摄像机，用摄像机来确定视角、辅助渲染。在这个场景中，我们选用 VRay 渲染器为场景做渲染。所以，为了更好地体现渲染器的优越性，我们一般选用 VRay 渲染器自带的摄像机，该摄像机功能强大，如同我们的“单反相机”，可以调节各种参数，设置好的相机视图如图 2-5-21 所示。

（3）同理，为了配合 VRay 渲染器，我们选用 VRay 渲染器的“VR_太阳”灯光，并在渲染编辑器中指定“VRay”渲染器为场景渲染器，如图 2-5-22 所示。

（4）设置好摄像机和灯光后，我们要进一步对 VRay 渲染器的参数进行设置。首先要打开“全局照明”选项，这样渲染器可以模拟光线反射及折射效果 ，同时对场景进行小画幅的测试渲染，观察效果，如图 2-5-23 所示。

图 2-5-20　添加辅助模型效果

图 2-5-21　添加场景摄像机

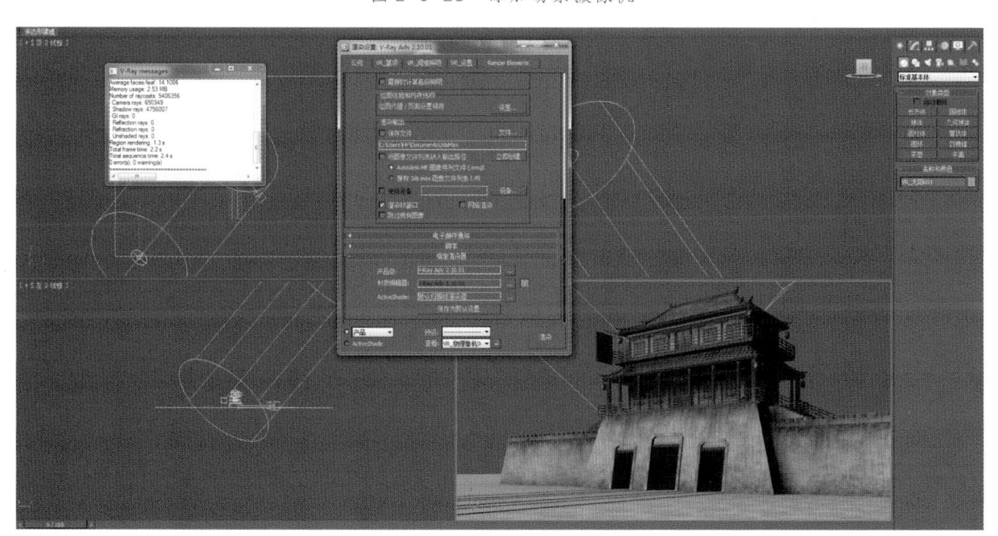

图 2-5-22　添加场景灯光

图 2-5-23　测试渲染

（5）为了增加古城楼的历史感，我们为渲染添加设置环境光，增加气氛融合度；为了塑造场景的沧桑感，我们把原来的 VRay 渲染器的“VR_ 太阳”灯光的“天空模式”改为“阴天”，如图 2-5-24 所示。

（6）设置好灯光摄像机、渲染器环境等参数后，我将设置最后的渲染输出数值。因为这次我们将选用静帧场景图像做案例，所以我们主要需要设置图像的输出像素值。为了后期使用，我们设置渲染尺寸为“4000×2400”，设置保存文件为 .tga 图像格式，因其自带有一个 Alpha 通道，有利于后期处理抠图，渲染效果如图 2-5-25 所示。

图 2-5-24　添加环境光及阴天效果

（7）在静帧后期处理中，我们为了更好地选择场景中同一材质的对象，需要在 3D Max 软件中设置渲染一个“通道”文件。通道文件的渲染首先要删除场景中所有的灯光及其他光源，然后将场景中材质分别设置不同颜色，并把材质的高光、透明、放射、折射、凹凸等设置全部去除，再用同摄像机、同大小渲染一种图片，然后存储起来备用，如图 2-5-26 所示。

图 2-5-25　最终渲染效果

图 2-5-26　材质通道渲染效果

［提示：渲染通道比较繁琐，现在网上可以下载通道自动生成器插件，比如笔者一直使用的“莫莫小工具 - 多维材质通道转换器”，免费下载使用。］

第三章

场景后期处理篇

三维场景的设计制作经过 3D 软件的建模、贴图、灯光、摄像机设置和渲染后，初步效果就呈现在我们的面前了。为了更好地合成最终设计的场景效果，往往还需要经过后期的处理。如果制作的是动态场景，就需要在后期与角色合成影像，调节画面明暗、色彩及增加特效；如果制作的是静态场景，在后期处理上就会有更多的操作空间。我们除了需要合成图像，调整画面比例、明暗、色彩及增加特效外，还需要调入相应场景素材来丰富画面效果。比如，在制作静态场景时，有些配景（树木、草地、远处建筑及山体）不会在三维软件中制作，而是在后期软件中合成，这样可以节省三维软件运行空间，使制作更高效，也使画面更多彩。

本篇重点讲述静态场景图像的后期处理技术。通过引入 Adobe Photoshop 软件的图像处理技术，逐步展开至软件的场景处理技术。最后讲述我们古城楼场景的后期处理案例，通过案例实践操作，让读者更好地掌握后期处理技术。

第一节　软件

Adobe Photoshop，简称“PS”，是由 Adobe Systems 开发和发行的图像处理软件。Photoshop 主要处理以像素构成的数字图像。使用其众多的编修与绘图工具，可以有效地进行图片编辑工作。PS 有很多功能，在图像、图形、文字、视频、出版等各方面都有涉及。

从功能上看，该软件可分为图像编辑、图像合成、校色调色及功能色效制作部分等。图像编辑是图像处理的基础，可以对图像做各种变换，如放大、缩小、旋转、倾斜、镜像、透视等，也可进行复制、去除斑点、修补、修饰图像的残损等。图像合成则是将几幅图像通过图层操作、工具应用合成完整的、传达明确意义的图像，这是美术设计的必备技能，该软件提供的绘图工具让外来图像与创意很好地融合。校色调色可方便快捷地对图像的颜色进行明暗、色偏的调整和校正，也可在不同颜色之间进行切换以满足图像在不同领域如网页设计、印刷、多媒体等的应用。特效制作在该软件中主要由滤镜、通道及工具综合应用完成，例如，图像的特效创意和特效字的制作，油画、浮雕、石膏画、素描等常用的传统美术技巧，都可借由该软件的特效制作完成。

一、软件用户界面介绍

下面，我们来了解 Photoshop 的用户界面。Photoshop 软件经过多年的发展，一直是全球图像处理软件的佼佼者，其地位一直无法被撼动，在业界广受好评。在界面设计上，Photoshop CS5 之前的版本一直采用浅灰色界面，CS5 及以后的版本设计为深灰色界面，也就是我们俗称的“酷黑”界面。Photoshop 一直引领潮流，致力为设计师提供美观、好用、功能强大的图像处理应用体验，如图 3-1-1 所示。

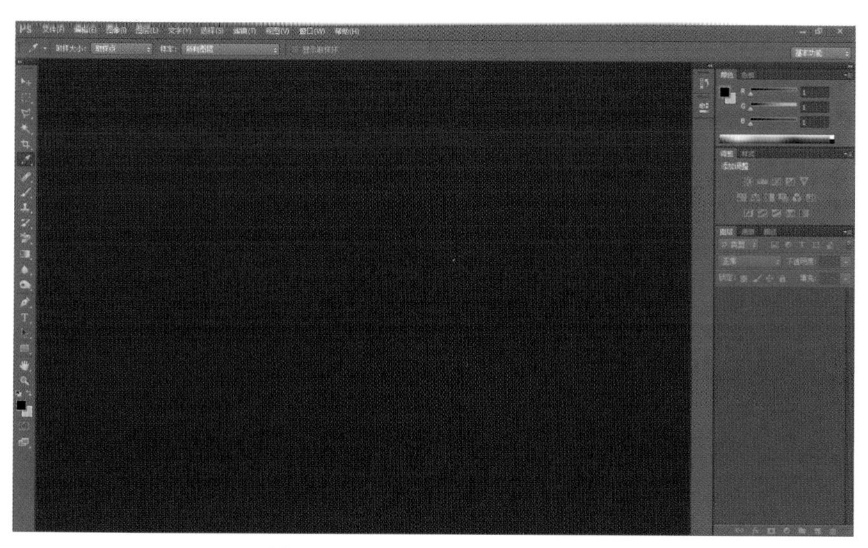

图 3-1-1 Photoshop CS6 用户界面

（一）菜单栏

菜单栏位于软件最上面，包含了文件、编辑、图像、图层、文字、选择、滤镜、视图、窗口、帮助等菜单项，如图 3-1-2 所示。其中 PS 强大且有特色的菜单项是图像、图层、滤镜菜单，它们彰显了 PS 的图像处理魅力。

PS 文件(F) 编辑(E) 图像(I) 图层(L) 文字(Y) 选择(S) 滤镜(T) 视图(V) 窗口(W) 帮助(H)

图 3-1-2 菜单栏

（二）属性栏

属性栏位于软件上部，菜单栏下面，我们称之为“工具属性栏”。当选中某种工具之后，菜单栏下面就会多出一栏，我们可以利用它设置工具的具体参数，达到我们想要的效果，如图 3-1-3 所示。

图 3-1-3 属性栏

（三）工具栏

工具栏位于主界面最左方，其包含了 70 多种工具，这些工具大致可以分为选取制作工具、绘画工具、修饰工具、颜色设置工具以及显示控制工具等几类，通过这些工具我们可以更为方便地编辑图像，如图 3-1-4 所示。

（四）控制面板

控制面板位于窗口最右侧，也称为“调制面板”。其为用户提供很多调控板，我们可以用来观察信息，选择颜色，管理图层、通道、路径和历史记录等，该区域是 PS 的可视化功能区，如图 3-1-5 所示。

图 3-1-4 工具栏

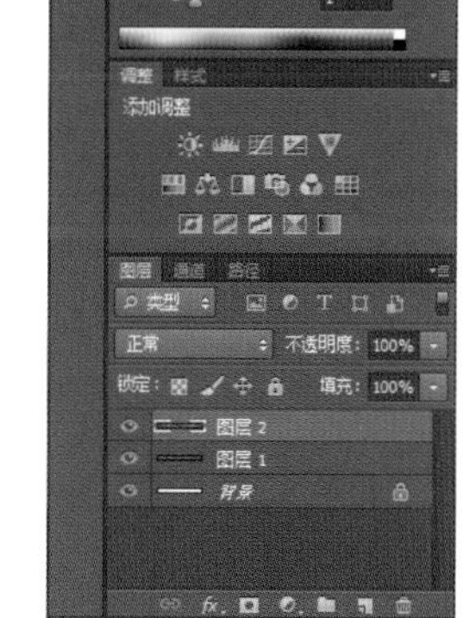

图 3-1-5 控制面板

（五）状态栏

状态栏位于软件最下面，窗口底部。其主要功能是用来记录当前图像的显示比例和文档的大小等信息，如图 3–1–6 所示。

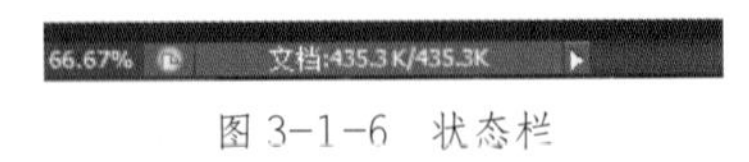

图 3–1–6　状态栏

（六）图像窗口

图像窗口位于 PS 界面的中间区域。其是显示图像的区域，用于编辑和修改图像。图像窗口就像绘画时的画板，可以把画纸、画布置于其中，然后进行各种绘制工作，如图 3–1–7 所示。

图 3–1–7　图像窗口

二、软件相关概念

我们要掌握与使用 Photoshop 图像处理软件，不仅要掌握软件的操作，还要掌握图形与图像方面的知识，如颜色色彩、颜色模式、图像类型、图像格式、分辨率等。尤其是对于 Photoshop 这样一个专业的图像处理软件，掌握这些概念，才能创作出高品质、高水平的平面作品。

（一）亮度

亮度就是各种图像模式下的图形原色的明暗度。亮度调整就是明暗度的调整。例如：灰度模式，就是将白色到黑色间连续划分为 256 种色调，即由白到灰，再由灰到黑。在 RGB 模式中亮度则代表各种原色的明暗度，即红、绿、蓝三原色的明暗度。例如：将红色加深就成了深红色。

（二）色相

色相就是从物体反射或透射的光色。也就是说，色相就是色彩颜色，对色相的调整也就是对多种颜色的调整。在使用中，色相是由颜色名称标识的。例如：光由红、橙、黄、绿、蓝、靛、紫七色组成，每一种颜色代表一种色相。

（三）饱和度

饱和度也可以称为彩度，是指颜色的强度或纯度。调整饱和度也就是调整图像彩度。当一个彩色图像饱和度降低为0时，就会变为一个灰色的图像；当增加饱和度时就会增加其彩度。

（四）对比度

对比度就是指不同颜色之间的差异。对比度越大，两种颜色之间的反差就越大；反之对比度越小，两种颜色之间的反差就越小，颜色越相近。例如：将一幅灰度的图像增加对比度后，会变得黑白鲜明；当对比度增加到极限时，则变成一幅黑白两色的图像；反之，将图像对比度减到极限时，就成了灰度图像，看不出图像效果，只是一幅灰色的底图。

（五）颜色模式

颜色模式有RGB模式、CMYK模式、Bitmap（位图）模式、Grayscale（灰度）模式、Lab模式、HSB模式、Multichannel（多通道）模式、Duotone（双色调）模式、Indexed Color（索引色）模式等。下面分别介绍场景设计制作较常涉及的RGB模式、CMYK模式、Grayscale（灰度）模式。

RGB模式是Photoshop中最常用的一种颜色模式。不管是扫描输入的图像，还是绘制的图像，几乎都是以RGB的模式存储的。这是因为在RGB模式下处理图像较为方便，而且RGB的图像比CMYK图像文件要小得多，可以节省内存和存储空间。在RGB模式下，用户还能够使用Photoshop中所有的命令和滤镜。

RGB模式由红、绿、蓝三种原色组合而成，如图3-1-8所示。由这三种原色混合产生出成千上万种颜色。在RGB模式下的图像是三通道图像，每一个像素由24位的数据表示。其中RGB三种原色各使用了8位，每一种原色都可以表现出256种不同浓度的色调，所以三种原色混合起来就可以生成1670万种颜色，也就是我们常说的真彩色。

图3-1-8 RGB颜色

CMYK模式是一种印刷的模式。它由分色印刷的四种颜色组成，在本质上与RGB模式没什么区别。但它们产生色彩的方式不同，RGB模式产生色彩的方式称为加色法，而CMYK模式产生色彩的方式称为减色法。例如显示器采用了RGB模式，这是因为显示器可以用电子光束轰击荧光屏上的磷质材料发出光亮从而产生颜色，当没有光时为黑色，光线加到极限时为白色。假如我们采用了RGB颜色模式去打印一份作品，将不会产生颜色效果，因为打印油墨不会自己发光。油墨能够吸收特定的光波而靠反射其他光波产生颜色，也就是说当所有的油墨加在一起时是纯黑色，油墨减少时才开始出现色彩，当没有油墨时就成为白色，所以这种生成色彩的方式就称为减色法。

那么，CMYK模式是怎样发展出来的呢？理论上，我们只要将生成CMYK模式中的三原色，即100%的青色（cyan）、100%的洋红色（magenta）和100%的黄色（yellow）组合在一起就可以生成黑色（black）。但实际上等量的C、M、Y三原色混合并不能产生完美的

图 3-1-9　CMYK 颜色

黑色或灰色。因此，只有再加上一种黑色后，才会产生图像中的黑色和灰色。为了与 RGB 模式中的蓝色区别，黑色就以字母 K 表示，这样就产生了 CMYK 模式，如图 3-1-9 所示。在 CMYK 模式下的图像是四通道图像，每一个像素由 32 位的数据表示。在处理图像时，我们一般不采用 CMYK 模式，因为这种模式文件大，会占用更多的磁盘空间和内存。此外，在这种模式下，有很多滤镜都不能使用，所以编辑图像时有很多不便，因而通常都是在印刷时才转换成这种模式。

Grayscale（灰度）模式，此模式的图像可以表现出丰富的色调，表现出自然界物体的生动形态和景观。但它始终是一幅黑白的图像，就像我们通常看到的黑白电视和黑白照片一样。灰度模式中的像素是由 8 位的位分辨率来记录的，因此能够表现出 256 种色调。利用 256 种色调我们就可以使黑白图像表现得相当完美，如图 3-1-10 所示。灰度模式的图像可以直接转换成黑白图像和 RGB 的彩色图像，同样黑白图像和彩色图像也可以直接转换成灰度图像。但需要注意的是，当一幅灰度图像转换成黑白图像后再转换成灰度图像，将不再显示原来图像的效果。这是因为灰度图像转换成黑白图像时，Photoshop 会丢失灰度图像中的色调，因而转换后丢失的信息将不能恢复。同样道理，RGB 图像转换成灰度图像也会丢失所有的颜色信息，所以当由 RGB 图像转换成灰度图像，再转换成 RGB 的彩色图像时，显示出来的图像将不具有彩色。

图 3-1-10　灰度模式

（六）分辨率

分辨率是指在单位长度内所含的点（即像素）的多少。通常我们会将分辨率混淆，认为分辨率就是指图像分辨率，其实分辨率有很多种，可以分为图像分辨率、设备分辨率、屏幕分辨率、位分辨率和输出分辨率几种类型。在这里，我们主要分析与场景设计制作紧密相关的图像分辨率。

图像分辨率就是每英寸图像含多少个点或像素，分辨率的单位通常为点 / 英寸（英文缩写为 dpi），例如 300dpi 就表示该图像每英寸含 300 个点或像素。在 Photoshop 中也可以用 cm（厘米）为单位来计算分辨率。图像分辨率的默认单位是 dpi。在数字化图像中，分辨率的大小直接影响图像的品质。分辨率越高，图像越清晰，所产生的文件也就越大，在工作中所需的内存和 CPU 处理时间也就越多。所以在制作图像时，不同品质的图像就要设置适当的分辨率，才能最经济有效地制作出作品。例如用于打印输出的图像的分辨率就需要高一些，如果只是在屏幕上显示的作品,就可以低一些。另外,图像的尺寸大小、图像的分辨率和图像文件大小三者之间有着很密切的关系。一个分辨率相同的图像，如果尺寸不同，它的文件大小也不同，尺寸越大所保存的文件也就越大。同样，增加一个图像的分辨率,也会使图像文件变大。我们使用放大工具不断放大一张图的某一部分，可以清晰地看到图像一定长度所对应的像素点数量，如图 3-1-11 所示。

图 3-1-11　图像分辨率

（七）图像格式

图像格式是指 Photoshop 保存图像文件所能获得支持的文件格式，一般情况下，Photoshop 的图像格式有十多种，而场景设计制作中，我们较常用的图像格式是 PSD、JPG、TGA、TIFF 四种。下面我们就这四种图像文件格式做简要介绍。

PSD 格式是使用 Adobe Photoshop 软件生成的图像模式，这种模式支持 Photoshop 中所有的图层、通道、参考线、注释和颜色模式的格式。在保存图像时，若图像中包含层，则一般都用 PSD 格式保存。若要将具有分图层的 PSD 格式图像保存成其他格式的图像，则在保存时会合并图层，即保存后的图像将不具有任何图层。PSD 格式在保存时会将文件压缩以减少占用的磁盘空间。但由于 PSD 格式所包含图像数据信息较多（如图层、通道、剪辑路径、参考线等），所以比其他格式的图像文件要大得多。但由于 PSD 文件保留所有原图像数据信息（如图层），故而修改起来较为方便，这是 PSD 格式的优越之处。

JPEG 的英文全称是 Joint photographic Experts Group（联合图像专家组）。此格式的图像通常用于图像预览和一些超文本文档中（HTML 文档）。JPEG 格式的最大特色就是文件比较小，经过高倍率的压缩，是目前所有格式中压缩率最高的格式。但是 JPEG 格式在压缩保存的过程中会以失真方式丢掉一些数据，因而保存后的图像与原图有所差别，没有原图像的质量好。因此印刷品最好不要用此图像格式。

TGA 的结构比较简单，属于一种图形、图像数据的通用格式，在多媒体领域有着很大影响，在做影视编辑时经常使用。例如 3DS Max 输出 TGA 图片序列导入 AE 里面进行后期编辑。TGA 格式文件自带一个 Alpha 通道，这个通道的存在大大方便了图像、影像的合成。

TIFF 的英文全名是 Tagged Image File Format（标记图像文件格式）。此格式便于在应用程序之间和计算机平台之间进行图像数据交换。因此，TIFF 格式应用非常广泛，可以在许多图像软件和平台之间转换，是一种灵活的位图图像格式。TIFF 格式支持 RGB、CMYK、Lab、IndexedColor、位图模式和灰度的颜色模式，并且在 RGB、CMYK 和灰度三种颜色模式中还支持使用通道（Channels）、图层（Layers）和路径（Paths）的功能，只要在 Save As 对话框中选中 Layers、Alpha Channels、Spot Colors 复选框即可。

三、软件基本功能

Photoshop 软件的功能模块很多，在图像处理中功能非常强大。下面我们介绍 Photoshop 软件比较有特色的几个功能模块的应用知识，以逐步认识图像处理技术。

（一）图层

图层功能被誉为 Photoshop 的灵魂，在图像处理中具有十分重要的地位，是最常用到的功能之一。

图 3-1-12　图层

在 Photoshop 中，一幅图像通常是由多个不同类型的图层通过一定的组合方式自下而上叠放在一起组成的，它们的叠放顺序以及混合方式直接影响着图像的显示效果，如图 3-1-12 所示。

新建图层——可以在图层菜单选择“新建图层”或在图层面板下方选择“新建图层 / 新建图层组”。

复制图层——需制作同样效果的图层，可以选中该图层，点击鼠标右键选择“复制图层”选项,需要删除图层就选择“删除图层”选项，双击图层的名称可重命名图层。

颜色标识——选择“图层属性”选项，可以给当前图层进行颜色标识，有了颜色标识后在图层调板中查找相关图层就会更容易。

栅格化图层——一般建立的文字图层、形状图层、矢量蒙版和填充图层，是不能在它们上再使用绘画工具或滤镜进行处理的。如果要在这些图层上继续操作,就要使用栅格化图层，它可以将这些图层的内容转换为平面的光栅图像。

合并图层——在设计的时候，很多图形分布在多个图层上，如果对这些已确定的图形不再修改了，就可以将它们合并在一起便于图像管理。合并后的图层中，所有透明区域的交叠部分都会保持透明。

图层样式——图层样式是 Photoshop 非常实用的功能，能简化许多操作，利用它可快速生成阴影、浮雕、发光等效果。但都是针对单图层而言的。如果给某个层加入阴影效果，那么这个层上所有非透明的部分都会投下阴影，甚至用画笔随便涂一下，这一笔的影子也会随之产生。

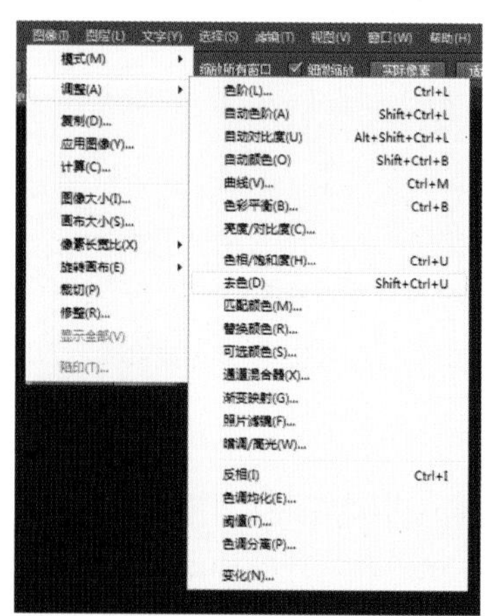

图 3-1-13　图像调整菜单

（二）“图像”菜单

“图像”菜单也是 Photoshop 软件的标志性功能菜单，其包含了图像模式设置、图像相关调整、图像尺量设置等功能。前面我们讲述了图像模式，在这里不再赘述，下面我们主要看看该菜单下的图像相关调整功能模块，如图 3-1-13 所示。

“图像”菜单中“调整”的命令主要对图片色彩进行调整，包括图片的颜色、明暗关系和色彩饱和度等。“调整”菜单也是我们在实际操作中最为常用的一个菜单，大家只有对里面的主要命令充分掌握，才能更好地使用 Photoshop。下面分别解释部分菜单的功能。

自动调整命令——自动调整命令包括三个命令，它们没有对话框，直接选中即可调整图像的对比度或色调。

“自动色阶”命令：将红色、绿色、蓝色三个通道的色阶分布扩展至全色阶范围。这种操作可以增加色彩对比度，但可能会引起图像偏色。

“自动对比度”命令：以 RGB 综合通道作为依据来扩展色阶，因此增加色彩对比度的同时不会产生偏色现象。

“自动颜色”命令：除了增加颜色对比度以外，还将对一部分高光和暗调区域进行亮度合并。最重要的是，它把处在 128 级亮度的颜色纠正为 128 级灰色。

明暗关系调整——对于色调灰暗、层次不分明的图像，可使用针对色调、明暗关系的命令进行调整，增强图像色彩层次。

“亮度 / 对比度”命令：可以直观地调整图像的明暗程度，还可以通过调整图像亮部区域与暗部区域之间的比例来调节图像的层次感。

“色彩平衡”命令：可以改变图像颜色的构成。它是根据在校正颜色上增加基本色，降低相反色的原理设计的。

“色相 / 饱和度”命令：可以调整图像的色彩及色彩的鲜艳程度，还可以调整图像的明暗程度。“色相 / 饱和度”命令具有两个功能：首先能够根据颜色的色相和饱和度来调整图像的颜色，可以将这种调整应用于特定范围的颜色或者对色谱上的所有颜色产生相同的影响。其次是在保留原始图像亮度的同时，应用新的色相与饱和度值给图像着色。

“色阶”命令：可以调整图像的阴影、中间调和高光的关系，从而调整图像的色调范围或色彩平衡。通道选项是根据图像模式而改变的，可以对每个颜色通道设置不同的输入色阶与输出色阶值。

“曲线”命令：能够对图像整体的明暗程度进行调整。执行“图像”—“调整”—“曲线”命令，弹出“曲线”对话框。在该对话框中，色调范围显示为一条笔直的对角基线，这是因为输入色阶和输出色阶是完全相同的。

（三）“滤镜”菜单

我们知道，图形图像软件基本上都有滤镜菜单，而 Photoshop 的滤镜比较独特，它可以对图像进行增效。它不但拥有软件自带滤镜菜单，也可以安装额外的滤镜插件，如图 3-1-14 所示。很多情况下，一个优秀的图像处理效果只要选择一个菜单命令就可以轻松地获得。

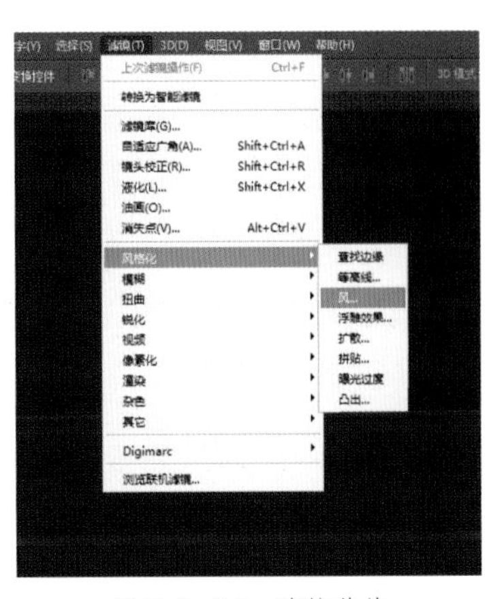

图 3-1-14　滤镜菜单

滤镜的主要作用是实现图像的各种特殊效果，它在 PS 中具有非常神奇的作用，其功能也非常强大，经常用来制作一些材质、光晕、火焰等特殊效果。用户可以将滤镜理解为一个加工“图像”的机器。图像经过它的加工后，会产生各种奇妙的变化。有了滤镜，用户就可以轻易地创造出艺术性很强的专业图像。

从性能上分，滤镜包括普通滤镜和智能滤镜两种。它们的使用方法非常简单，区别也不大。有时候为图像应用一次滤镜后并不能获得满意的效果，需要反复使用或修改参数才行。

滤镜的使用规则：滤镜只能应用于当前图层或某一通道。若在图层的某一区域应用滤镜，必须先选取该区域，然后对其进行处理。所有滤镜都能应用于 RGB 图像，滤镜不能应用于位图模式、索引模式或 16 位通道图像，有个别滤镜对 CMYK 图像不起作用。滤镜在计算过程中将占用相当大的内存资源，因此，在处理一些较大的图像文件时，将非常耗时，有时还可能会弹出对话框，提示系统资源不够。对于文字图层或锁定像素区域的特殊图层是无法使用滤镜的。

第二节　软件应用技术

前面我们介绍过，Photoshop 软件的图像绘制和处理能力非常强大，在本篇中我们就不一一介绍了，我们在这里主要针对虚拟场景的后期处理技术来讲解 Photoshop 的功能。下面我们就虚拟场景在图像合成处理方面的技术举几个案例进行讲解，引导后面的实例章节。

一、通道抠像技法

Photoshop 的抠像技法有很多，包括魔术棒选取法、锁套选取法、蒙版选取法、通道法等，在这里我们讲解相对较复杂实用的通道抠像法。我们选用一张老鹰图片来举例讲解该方法。老鹰毛发较多，边界也较复杂，下面介绍利用“通道”抠出老鹰的操作方法。

（1）复制图层：选择菜单“文件”—“打开”，选择打开“老鹰”文件到 Photoshop 中（.jpg 文件），选中图中的背景图层，鼠标右击，在出现的快捷菜单中选择“复制图层”，在出现的对话框中单击【确定】，之后出现了一个复制的“背景副本”图层，下面的操作使用此图层，如图 3-2-1 所示。图像处理时可以将一幅图片看成多层次图像的叠加，每个层次的图像放在一个图层中，图层是 Photoshop 的重要概念。

图 3-2-1　复制图层

（2）通道操作：通道用来存放图像颜色的组合信息。RGB 模式的复合通道由红、绿、蓝三个单色通道组成，三个通道的对比度不一样，绿色通道对比度最明显，对比度越高对抠像越有利。为不影响原图的色彩，复制一个绿色通道进行抠像操作，鼠标左键单击“绿”色通道（“RGB”“红”和“蓝”三个通道左边的“眼睛”标志被取消）后，再右击，在出现的快捷菜单中选择“复制通道”，多出一个“绿副本”通道，下面的操作在此通道完成，如图 3-2-2 所示。

（3）调整色阶：为了增强对比度，调整“绿副本”通道的色阶。选择菜单“图像”—“调整”—“色阶”，出现“色阶”调整窗口，滑动图中三个三角滑块，尽量靠近，同时观察图像，在保证边缘清晰的情况下使被抠图像和背景有较大反差，这对抠像有利，调整后的效果如图 3-2-3 所示。

图 3-2-2　复制绿通道

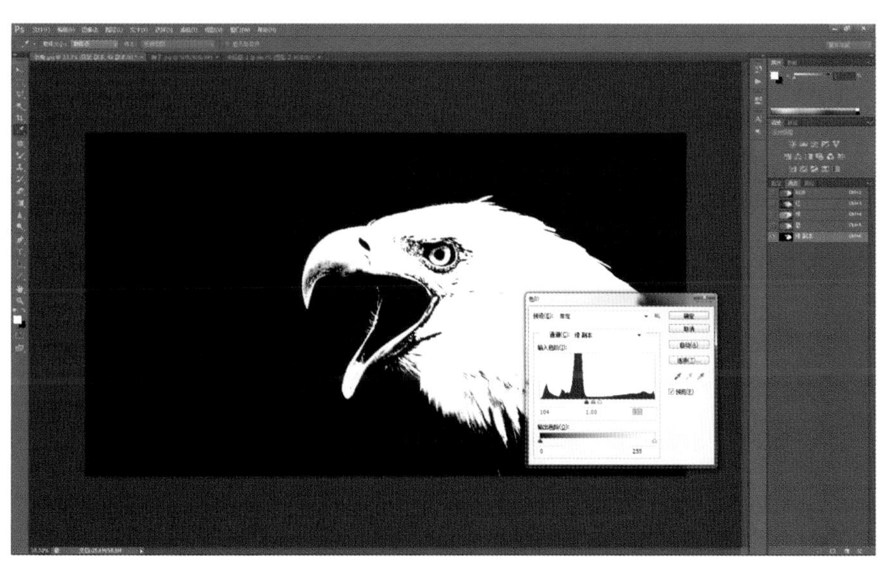

图 3-2-3　应用色阶调整对比度

（4）突出白色选区：选择“铅笔工具”（选择“工具信息”中的笔形大小，并选择大硬度），将图中背景不用的部分涂白（选择工具箱下方的“设置前景色”），要抠的图像部分涂黑。然后按“Ctrl+I”（注意依然保持选中“绿副本”通道），使图黑白反选，如图 3–2–4 所示，白色选区（需要抠出对象的选区）就突出了。

（5）建立抠像对象选区：通道面板下方左边第一个图标的功能是“将通道作为选区载入”，选中它，这时被抠图像的四周被虚线包围，建立了被抠对象的选区，在蒙版选区图层按〈Ctrl+J〉复制一个图层，如图 3–2–5 所示。

图 3-2-4　调整画面

图 3-2-5　建立抠选选区

（6）设置蒙版：选择“图层”标签，回到图层显示，取消“背景”图层左边的“眼睛”标志。点击在蒙版面板下方的【添加图层蒙版】按钮，“背景副本”图层出现一个图层蒙版，显现要抠出的图像，这时图像窗口中的“老鹰”被抠出，如图 3–2–6 所示。如果对边缘不满意可以使用工具箱中的铅笔工具、橡皮擦工具、涂抹工具做适当修补。

（7）保存文件：被抠出的对象保存为文件后可以被反复使用。鼠标右击“背景副本”

文字处，在出现的快捷菜单中选择“转换为智能对象”，背景图层被合并，但图像窗口没有变化，这时选择菜单“文件”—“存储为”，选择 .png 格式，透明背景的图像被保存。

（8）图像合成：分别打开刚才保存的抠像文件和另一个图像文件，用“矩形选框工具”选择抠像对象“老鹰”，粘贴到图像文件，最终图像就合成好了，如图 3-2-7 所示。

图 3-2-6 抠选图像

图 3-2-7 合成图像

二、图片倾斜矫正

我们观察图 3-2-8，整张照片因为拍摄和透视的原因，大楼成了倾斜的，不符合我们正常的观看习惯，如何利用 PS 软件将该建筑变成正常的呢？下面我们就来对它进行矫正。

图 3-2-8 倾斜楼房图片

（1）利用 Photoshop 工具的透视裁切命令，将整个照片进行裁切框选，勾选工具属性栏中的“显示网格”复选框,然后将右上角的角点进行左移,与楼的右侧边线平行,如图 3–2–9 所示。

图 3–2–9　透视裁切图片

（2）利用同样的方法，将路面设置成平面的路面，方法同上，如图 3–2–10 所示。

图 3–2–10　透视裁切路面

（3）景观透视裁切矫正后效果如图 3–2–11 所示。

图 3-2-11 矫正后效果

三、图片明暗度调整

在拍摄照片的过程中，经常会出现照片过亮，或者照片过暗的情况，我们通常把这种情况叫作曝光过度，或者曝光不足。利用 PS 也可以轻松地完成照片的调整。如图 3-2-12 所示，该图就是曝光不足的照片，下面我们对该照片进行调整。

图 3-2-12 曝光不足的照片

（1）打开需要调整的图片，该图片有些偏暗，我们可以按住键盘的〈Ctrl+J〉键复制背景图层，如图 3-2-13 所示。

图 3-2-13　复制图层

（2）更改图层面板的图层混合模式为“滤色模式”，增加亮度。如果觉得亮度不够，可在选择了图层 1 的情况下，再按〈Ctrl+J〉键来复制图层，会自动叠加滤色模式；如果觉得亮度过曝的话，可调整不透明度的数值，如图 3-2-14 所示。

图 3-2-14　设置图层滤色模式

（3）按键盘的〈Ctrl+M〉键，调出曲线调整面板。因为该照片过灰，为了增加照片的通透性，可以调整曲线，如图 3-2-15 所示。

图 3-2-15　设置曲线

（4）一般曝光不足的照片都会损失色彩彩度，我们要对图片增加饱和度，让色彩亮丽一些。按〈Ctrl+U〉调出“色相 / 饱和度”调整面板，增加色彩饱和度，效果如图 3-2-16 所示。

图 3-2-16　设置色相饱和度

（5）曝光不足还容易造成图片色阶值不足，我们需要对图片进行色阶调整。按〈Ctrl+L〉调出“色阶”调整面板，调整图像色阶值，如图 3-2-17 所示。

图 3-2-17　设置色阶

（6）按〈Ctrl+Shift+S〉键，把图片保存成 .jpg 格式的文件，效果如图 3-2-18 所示。

图 3-2-18　调整后效果

四、图方向变换

我们拍摄照片时，一般是一瞬间的抓拍，有时结果不是特别满意，或寓意不够完美。如图 3-2-19 所示，这张以两只鸟为主角的照片，其中一只鸟正飞离画面，试想，如果将飞离的鸟变换为飞来，画面是不是会更美呢？下面我们就通过 Photoshop 软件进行变换设置。

图 3-2-19　变换位置

（1）打开文件，按键盘的〈Ctrl+J〉键复制图层，如图 3-2-20 所示。

图 3-2-20　复制图层

（2）在图层 1 状态下，按〈Ctrl+T〉键调出图像“自由变换”框，在画面中右击选择“水平翻转”，将图层 1 的图像进行镜像，如图 3-2-21 所示。

图 3-2-21　水平翻转图片

（3）利用移动工具，将图层 1 移动至想要的效果，如图 3-2-22 所示。

（4）点击图层 1 面板下方的【添加图层蒙版】按钮，为其添加一个图层蒙版，如图 3-2-23 所示。

图 3-2-22　移动图片

图 3-2-23　添加图层蒙版

（5）选择工具箱中的线性渐变命令，并选择颜色为从黑到白，在图片的交界处拖动，如图 3-2-24 所示。

图 3-2-24　蒙版线性渐变

五、为效果图添加背景

用 3D Max 渲染出来的图像，一般不带背景或背景与图不是很匹配，所以我们通常要在 Photoshop 中进行背景的添加更换。如图 3-2-25 所示，我们要为会所楼房添加天空背景，下面分步骤讲解背景天空的添加。

图 3-2-25 无背景图像

（1）打开要添加背景的图片，就像我们前章所讲的，3D 渲染图像一般要存储为 .tga 格式文件。我们打开的图片也是 .tga 格式文件，其自带一个单“Alpha1”通道。点击“窗口 / 通道”，调出通道命令，按住〈Ctrl〉键，单击通道面板中的“Alpha1”通道，调出选区，反选后删除黑色区域，如图 3-2-26 所示。

图 3-2-26 通过通道调出选区

（2）单击【图层】按钮，回到图层面板，然后按〈Ctrl+J〉复制新建图层，楼房图像就被剪切出来了，关闭背景图层显示图标，效果如图 3-2-27 所示。

图 3-2-27　复制新建图层

（3）打开选用的天空背景图片，将图片拖入楼房文件中，并把天空图片图层放置在楼房图层之下，如图 3-2-28 所示。

图 3-2-28　调入背景图像

（4）按〈Ctrl+T〉为背景图像调出自由变换框，调整背景图片的大小，以适合场景，再点鼠标右键，选择“水平翻转”命令，并再次调整背景图片，如图 3-2-29 所示。

图 3-2-29　变换背景图片

（5）调整背景图片的明暗、色相、饱和度和色阶等，使背景图更适合场景，效果如图 3-2-30 所示。

图 3-2-30　添加背景效果

六、制作水面倒影

水面上的图像是反射周围其他事物的结果，根据光线的反射原理形成。在三维软件中，可以用光影跟踪材质来模拟效果。在 Photoshop 软件中，可以通过对图像进行调整来实现该效果。下面我们在 Photoshop 中为场景添加水面倒影。

（1）打开 .psd 格式的图像，选取黑色区域并反选，按〈Ctrl+J〉复制新建图层，如图 3-2-31 所示。

（2）添加水面配景，调整图像的大小，在图层面板上，将其混合模式设置为“强光”，如图 3-2-32 所示。

图 3-2-31　复制新建图层

图 3-2-32　添加水面

（3）制作天空的倒影，调整其大小及位置，在图层面板上，将其混合模式设置为“柔光”，如图 3-2-33 所示。

（4）制作建筑的倒影，调整其大小及位置，在图层面板上，将其混合模式设置为“柔光”，如图 3-2-34 所示。

图 3-2-33　制作天空倒影

图 3-2-34　制作房子倒影

（5）在图层面板上，确定“楼房副本”层为当前工作层，然后按住键盘中的〈Ctrl〉，单击“背景副本”层，获取该选区，删除，再取消选区。确定“背景副本”层为当前工作层，单击“滤镜 / 扭曲 / 波纹”命令，效果如图 3–2–35 所示。

（6）为场景中的树木及其他配景制作水面倒影。自由变换后在图层面板上，将其混合模式设置为“柔光”，制作波纹效果，后将其不透明度调为“60”，如图 3–2–36 所示。

图 3-2-35　制作波纹特效

图 3-2-36　最后效果

第三节　古建筑场景后期处理

我们在前一章讲述了虚拟场景的建模和渲染，最终渲染输出场景图像。然而有些配景和效果在三维软件里不能完全表现，需要在后期的处理软件中加以合成和处理。后期的处理分为动画后期和静帧效果图处理。在本节中，我们就静帧效果图的后期处理做讲解，为渲染图添加配景和添加效果。

我们要进行后期处理的是一个古城门场景，所以在处理的时候，要把握场景的历史年代感，注意场景空间情感的塑造，挖掘时间的沧桑感，注意体现出历史的“大漠长空”的心理感受。同时，我们在设计处理中，又要抱有对历史文化的敬仰心。城门是古代政权的象征，城门牢则政权固，城门破则政权失，所以我们既要塑造历史感又要体现崇敬感。在选择配景素材和效果调制的过程中，我们要牢牢记住场景所需要塑造的思想主题和空间氛围。

一、添加场景背景

（1）打开我们前面渲染场景模型后存储的“古城门 .tga”和“古城门 –td.tga”两个文件。这两个文件我们是同角度同尺寸渲染的两个不同的图像文件，打开后不要做任何的大小和分辨率修改，保持原样，如图 3–3–1 所示。

图 3-3-1　打开场景图及通道图

（2）选择“古城门 -td”通道文件，点击进入文件通道控制面板，按住〈Ctrl〉键，点击其“Alpha1”通道，载入该通道选区，再回到该文件图层控制面板，按键盘〈Ctrl+J〉键，复制一个新图层，这时会发现，通道图像与背景进行了分离。分离背景后，选择工具栏的移动工具，同时按住〈Shift〉键（按住〈Shift〉键移动一张和目的文件同大小的图像，两图可以自动重叠对齐），将通道图像拖到“古城门 .psd”文件里，如图 3-3-2 所示。

图 3-3-2　移动合并图像到文件

（3）根据构图需要，可以裁切画面。关闭通道图片层的显示图标，使其隐藏，回到古城门“背景”图层，然后进入文件通道控制面板，选择按住〈Ctrl〉键，点击其“Alpha1”通道，载入该通道选区，再回到该文件图层控制面板，按键盘〈Ctrl+J〉键，复制一个古城门图层，如图 3-3-3 所示。

图 3-3-3 复制古城门图层

（4）古城门场景充满了历史时空感，我们在渲染时将环境设置为阴天效果，主要突出场景的历史沧桑，所以我们将为场景添加一个阴天天空背景。打开一个阴天天空图片，使用移动工具，将天空图片移动复制到“古城门 .psd”文件里，调整天空图片的图层至古城门图像图层下方，使天空位于建筑后方。按〈Ctrl+T〉键调出“自由变形框”，对天空图片进行变换调整，使其大小、位置适合场景图像，调整完毕后按回车键确认，接着把天空图像的图层属性设置为“柔光”，如图 3-3-4 所示。

图 3-3-4 添加天空背景

（5）选择天空图层，按〈Ctrl+U〉键调出“色相 / 饱和度”控制面板，为天空图片调整色相及饱和度，如图 3-3-5 中 A 所示。再选择古城门图层，按〈Ctrl+U〉键调出“色相 / 饱和度”控制面板，设置数值如图 3-3-5 中 B 所示，调整其色相饱和度使画面更协调。

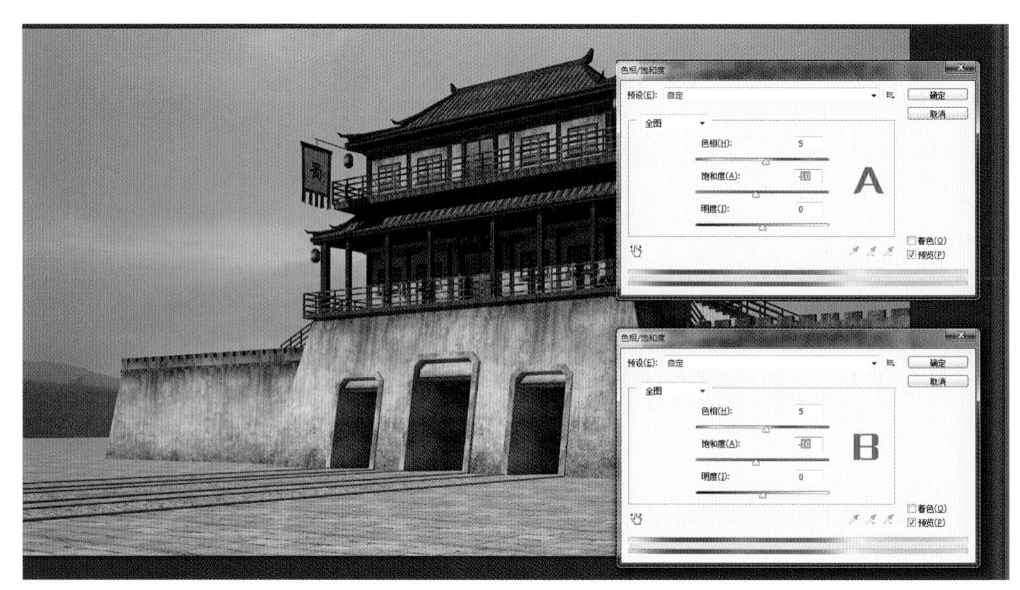

图 3-3-5 调整图像色相饱和度

（6）打开一张如图 3-3-6 中 A 所示的远山背景图片，使用移动工具将该图片移动复制到“古城门 .psd”文件中，将其图层置于古城门图层之下，天空图层之上，并调整其大小和位置。设置远山图层的图层属性为“叠加”，点击图层下方【添加图层蒙版】按钮，为远山背景图层添加一个图层蒙版。选择该蒙版为当前作用项，再在工具栏中选用渐变工具，设置渐变为线性渐变，渐变颜色为黑白渐变，把鼠标置于远山图像顶边，向下做蒙版黑白渐变，使远山背景图与天空背景图像融合过渡，如图 3-3-6 中 B 所示。

图 3-3-6 添加远山背景

二、添加植物配景

为了营造古城门的古旧的历史场景效果，我们选用冬天落叶乔木为场景做植物配景，这样可以加强场景的历史时空感受。

（1）选择打开一张如图 3–3–7 中 A 所示的树木图片，使用矩形框选工具选择中间树木部分，再选用移动工具将树木图片移动复制至“古城门 .psd”文件中，将背景树图层放置于古城门图像之下、远山图层之上。按〈Ctrl+T〉键调出“自由变形框”，设置树木大小及位置。设置好后，将该图层的图层属性设置为“叠加”模式，并添加图层蒙版，选择该蒙版为当前作用项，再在工具栏中选用渐变工具，设置渐变为线性渐变，渐变颜色为黑白渐变，把鼠标置于树木图像顶边，向下做蒙版黑白渐变，使树木背景图与天空背景图像融合过渡，如图 3–3–7 中 B 所示。按〈Ctrl+U〉键调出“色相 / 饱和度”控制面板，设置数值如图 3–3–7 中 C 所示，调整其色相饱和度使画面更协调。

图 3–3–7　添加树林背景

（2）打开另一张落叶乔木图片，使用添加树木背景的方法，为城门后添加树木背景，如图 3–3–8 所示。

图 3–3–8　添加城门后树木

（3）打开一张落叶乔木图片，选区后使用移动工具将其移动复制到“古城门.psd”文件中，将其图层放置在古城门图层之上。按〈Ctrl+T〉键调出“自由变形框”，设置树木大小及位置，并复制几棵，设置其大小前后关系，最后将这几个图层合并为“中景树木”图层，如图 3-3-9 所示。

图 3-3-9 添加中景树木

（4）打开一个广冠落叶乔木图片，选用移动工具将其移动复制到“古城门.psd”文件中，将其置于中景图层上方。使用“自由变形框”调整其大小和位置，并使用“色相 / 饱和度”调制面板，降低其色彩饱和度。按键盘〈Ctrl+J〉键，复制一个前景树木图层，然后调出“自由变形框”，将图像变形，制作树木的投影，调整到位后确认变换。为前景树投影图层添加一个图层蒙版，再选用线性渐变工具，为该蒙版添加黑白过渡的渐变，使投影的冠部减淡。调整好后选择复制一棵树，调整其大小位置，如图 3-3-10 所示。

图 3-3-10 添加前景树木

（5）接下来为场景添加一个“边角树”和一个“前景树荫”，这两个添加一般是为了平衡和美化画面。需要注意的是在添加时要选用和画面场景相匹配、协调的素材，布置时要与场景的光影光线相一致，图层位置分别是：“边角树”图层在最上方，“前景树荫”图层在古城门图层上方。制作方法和前面步骤类似，这里不再赘述，效果如图 3-3-11 所示。

图 3-3-11　添加边角树及树荫

三、添加雪景配景

在我们设计制作的场景中，添加雪景有助于塑造场景的艺术感，可以丰富画面感，增加场景的故事感，衍生空间的情节想象。

（1）选择打开一个雪景的场地图，使用移动工具将其移动到“古城门 .psd”文件中，并将其图层放置在古城门图层之上，使用自由变换框调整其大小及位置。选择通道图像图层，使用魔术棒选择地坪石图层的通道颜色，再关闭通道图像图层的显示，回到雪地图层，在选区保留的情况下，点击【添加图层蒙版】按钮，为雪地图层建立图层蒙版，这时会发现，图层蒙版使选区内雪地图像显示，选区外的雪地图像隐藏了，如图 3-3-12 所示。

图 3-3-12　添加雪地

（2）选择雪地图层的蒙版为当前作用操作项，设置前景色为黑色，选用工具栏的“画笔”工具，在英文输入法状态下，通过键盘的〈{〉和〈}〉键调整笔刷轨迹大小，并设置画笔硬度为软性画笔。接着使用画笔在画面中需要去除隐藏的部分上绘制，在绘制过程中注意适时调整画笔轨迹的大小，并且注意画面图像的透视关系，蒙版绘制完毕后如图 3-3-13 所示。

（3）在场景的雪景绘制中，我们还需要添加一些其他的配景，使画面丰富、自然一些。在添加过程中不可无规则地添加，一定要和场景需求相协调，并不是景观多就丰富，必须是适当。在添加其他辅助雪景的时候要注意和场景的透视关系相匹配，添加后再对场景的其他配景进行协调调整，使画面和谐。添加方法参考前面的技法讲解，如图 3-3-14 所示。

图 3-3-13　绘制雪地蒙版

图 3-3-14　添加其他雪景配景

（4）为了更进一步塑造雪景，我们给场景制作“下雪场景”。在文件图层最上方新建一个图层，设置前景颜色为白色，选用工具栏的铅笔绘制工具，在画面上绘制下雪白色点，注意使用点的大小塑造前后关系。绘制完毕后，选择“滤镜”菜单—“模糊”—“高斯模糊”，设置模糊值为“10”，再选择“滤镜”菜单—“模糊”—“动感模糊”，设置动感模糊角度为“-70”，模糊数值为“60”，如图 3-3-15 所示。

图 3-3-15　绘制下雪场景

四、整体调整画面

在场景设计制作的后期处理中，我们分步骤地为场景添加设置配景，在整体色相、明暗、饱和度、对比度方面很难保持一致。所以，在添加设置完配景后，我们需要为画面添加画面整体调整，在 PSD 文件中可以使用“调整填充图层”为画面添加各种调整图层、调整画面。

（1）调整画面整体“色彩平衡”：将图层选择在文件的最上面一层，点击图层控制面板的【调整填充图层】按钮，在弹出的菜单中选择“色彩平衡”菜单命令，为图像添加一个调整图层，调整数值如图 3–3–16 所示。

（2）调整画面整体“色相 / 饱和度”：场景画面在后期处理时，我们同样需要调整画面整体的色相和饱和度。保证文件选择的图层是最上面的图层，点击图层控制面板的【调整填充图层】按钮，在弹出的菜单中选择“色相 / 饱和度”菜单命令，添加调整图层，调整数值如图 3–3–17 所示。

图 3-3-16　图层色彩平衡调整

图 3-3-17　图层色相 / 饱和度调整

（3）调整画面整体“亮度 / 对比度”：调整好场景色相和饱和度后，我们再统一画面的亮度和对比度。选择图层面板最上面的图层，点击图层控制面板的【调整填充图层】按钮，在弹出的菜单中选择“亮度 / 对比度”菜单命令，添加调整图层，调整数值如图 3–3–18 所示。

（4）设置画面混合效果：场景调整的最后一步是要调整画面各元素的混合效果，这是使画面和谐统一的有效技法。首先，将“古城门 .psd”文件另存为“古城门 .jpg”文件，然后打开该文件图像，使用工具栏的移动工具将其移动复制到“古城门 .psd”文件的最上面图层。

图 3-3-18　图层亮度 / 对比度调整

保证该图像图层处于选择图层，点击“滤镜”菜单—“模糊”—“高斯模糊”，将图像模糊数值设置为“10”，设置该图层模式为“叠加”，再将图层的填充值设置为“25”，如图 3-3-19 所示。

图 3-3-19　图层混合调整

（5）场景后期处理最终效果如图 3-3-20 所示。

图 3-3-20　最终效果

第四章

虚拟场景案例分析

本章列举两个虚拟场景设计制作方面的案例，向读者提供设计、建模、场景制作等的设计思路和方法，然后提出问题。读者可以根据问题为以后的学习、实践寻找到自己的理论知识依据，或做出决策，或做出评价，或提出具体的解决问题的方法或意见等，进而对自己设计制作的虚拟场景作品进行综合分析，并总结经验作为参考。

第一节　中国传统四角亭的设计制作

对于一个场景模型的设计制作，我们要了解其场景构建的历史文化背景，分析解构其构成方法，充分理解该场景构建在场景中要表达的意义、作用和存在的方式，从而得出设计创意点，找到制作该构建的方法。下面我们就以中国传统四角亭的设计制作方法为案例进行分析。

一、中国古代建筑结构分析

中国的建筑具有悠久的历史和光辉的成就，建筑中包含独特的审美价值和风格。中国古代建筑艺术在封建社会中发展成熟，它以汉族木结构建筑为主体，也包括各少数民族的优秀建筑，是世界上延续历史最长、分布地域最广、风格非常显明的一个独特的艺术体系。中国古代建筑对于日本、朝鲜和越南的古代建筑有直接影响，17 世纪以后，也对欧洲产生过影响。

中国古代建筑中单体建筑功能、结构和艺术高度统一。木构架体系是中国古建筑的基本特点。作为木构架单体建筑大致可分为下、中、上三个部分——台基部分，柱、梁部分和屋顶部分，如图 4-1-1 所示。其中木柱梁是中国传统建筑的重要特色，也是我们三维场景建模工作最核心、最难的部分。

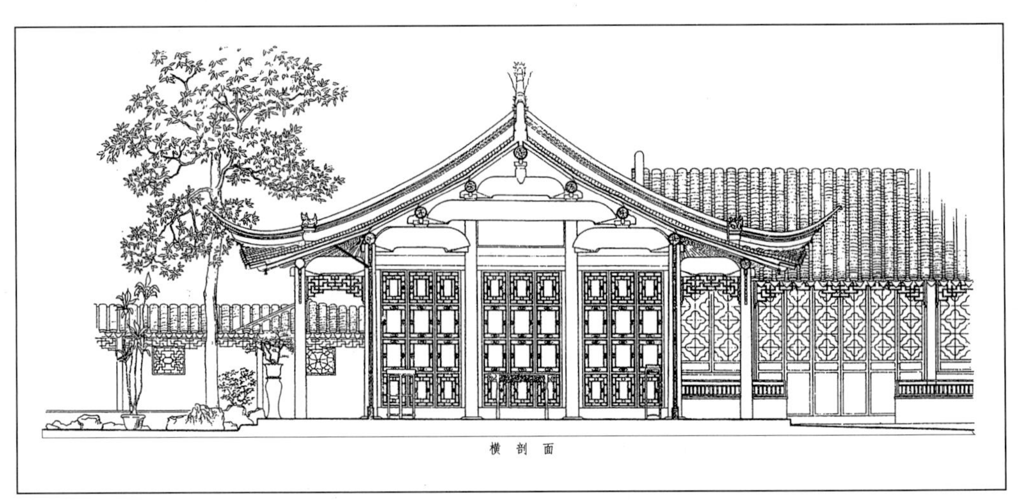

图 4-1-1　中国古建筑结构

中国传统建筑木结构是由柱、梁、枋、檩、椽和斗拱等基本构件组成的框架结构体系，连同木构屋顶统称为“大木构架”。中国木构架体系有多种结构形式，其中主要的有两大类：一是“穿斗式”构架体系，一是“叠梁式”构架体系。如图 4–1–2 所示。

中国木构建筑中，由四根柱子围成的空间称作“间”，它是中国古建筑空间组合的基本单元。“间”按照纵横拼合可以形成多种建筑形式。“间”的正面叫作“开间”或面阔，“间”的纵深叫作进深。民间建筑常用三、五开间，宫殿、庙宇、官署多用五、七开间，十分隆重的建筑用九开间，用十一开间的极少，只有北京清故宫的太和殿和西安唐大明宫的含元殿、麟德殿遗址有这种实例。

在中国古建筑中，用以分割室内室外空间的木建筑构件，称为装修。其中用以分割室内空间的木构件，称作内檐装修；用以分割室外空间的木构件，称为外檐装修。外檐装修如走廊的栏杆、檐下的挂落和对外的门窗等。

使用对比强烈的色彩与绘画是中国古建筑装饰中的一个突出特点。在宫殿、寺庙及衙署等高级建筑上常采用大面积色块对比的方法，以烘托建筑的气氛。彩画是中国古建筑运用色彩的最高成就。在早期，彩画构图较自由活泼，后来趋于程式化，并成为封建等级制度的重要标志，如图 4–1–3 所示。

图 4–1–2 建筑木结构

图 4–1–3 传统建筑色彩

二、中国传统四角亭的结构分析

中国建筑是木结构体系的建筑，所以亭子也大多是木结构的。木构的亭，以木构架琉璃瓦顶和木构黛瓦顶两种形式最为常见。前者为皇家建筑和坛庙宗教建筑所特有，富丽堂皇，色彩浓艳。后者则是中国古典亭榭的主导，或质朴庄重，或典雅清逸，遍及大江南北，是中国古典亭子的代表形式。此外，木结构的亭子，也有做成片石顶、铁皮顶和灰土顶的，不过一般比较少见，属于较为特殊的形制。

亭子的建筑结构包含了台基、栏杆、檐柱、倒挂楣子、檐垫枋、坐斗、斗栱、额枋、抹角梁、金柱、天花枋等木结构，如图 4–1–4 所示。

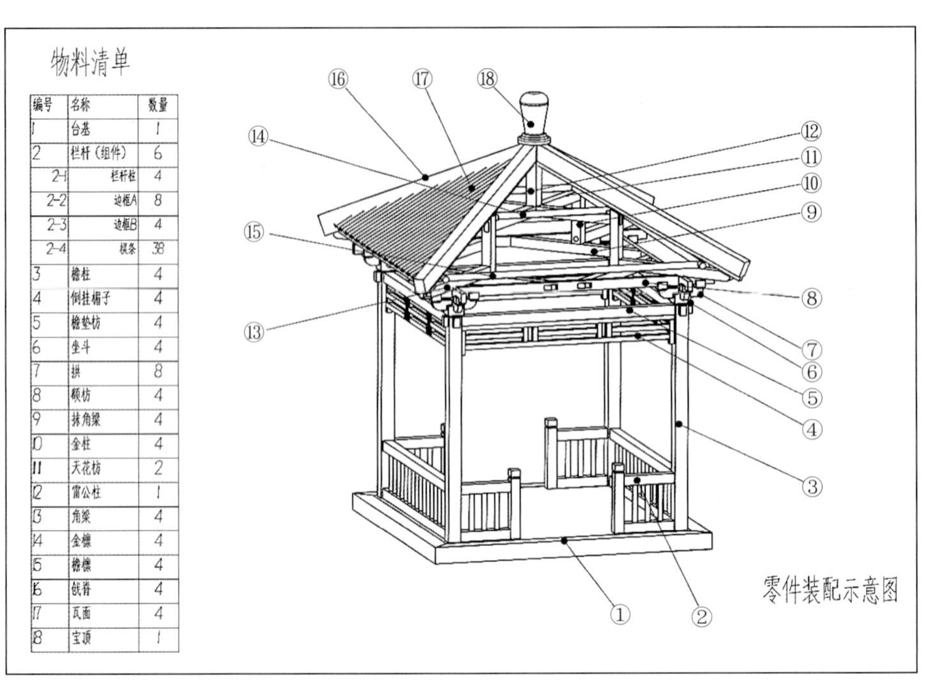

物料清单

编号	名称	数量
1	台基	1
2	栏杆（组件）	6
2-1	栏杆柱	4
2-2	边框A	8
2-3	边框B	4
2-4	棂条	38
3	檐柱	4
4	倒挂楣子	4
5	檐垫枋	4
6	坐斗	4
7	拱	8
8	额枋	4
9	抹角梁	4
10	金柱	4
11	天花枋	2
12	雷公柱	1
13	角梁	4
14	金檩	4
15	檐檩	4
16	戗脊	4
17	瓦面	4
18	宝顶	1

图 4-1-4　亭子结构分析

三、传统四角亭的三维建模

通过对中国传统建筑文化、建筑结构的调查研究，分析中国木结构的形式，解析传统亭子的构造部件，我们将设计制作中国传统四角亭。

栏杆建模：将栏杆柱、边框、棂条组合安装在一起形成小栏杆，如图 4-1-5 和 4-1-6 所示。

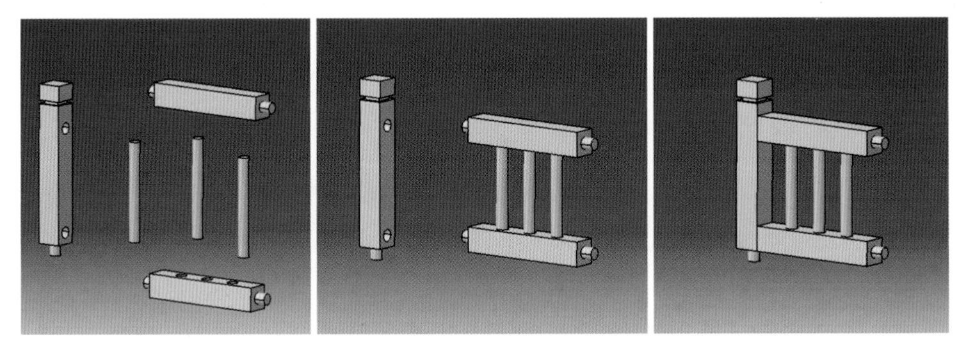

图 4-1-5　栏杆建模组合

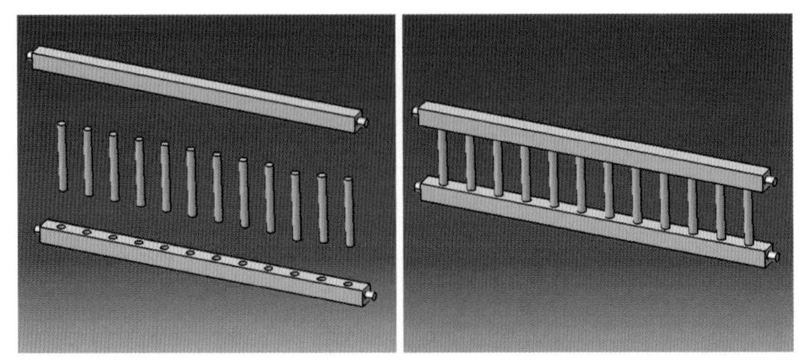

图 4-1-6　长栏杆建模组合

栏杆、檐柱建模：先分别对檐柱建模，再将它与上部建好的栏杆按照设计结构样式组合在一起，如图 4-1-7 所示。

倒挂楣子建模：根据设计建好一个倒挂楣子，并复制四个，将四个倒挂楣子分别安装在四根檐柱的上部，如图 4-1-8 所示。

台基建模：建立台基模型，并与栏柱等组合在一起，如图 4-1-9 所示。

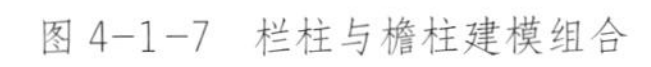
图 4-1-7 栏柱与檐柱建模组合

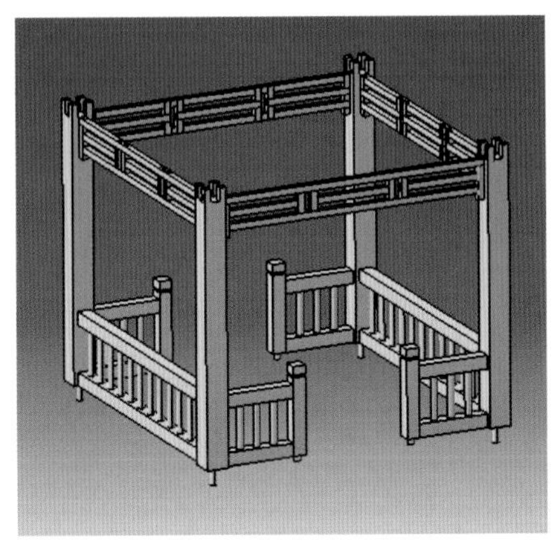

图 4-1-8 倒挂楣子建模

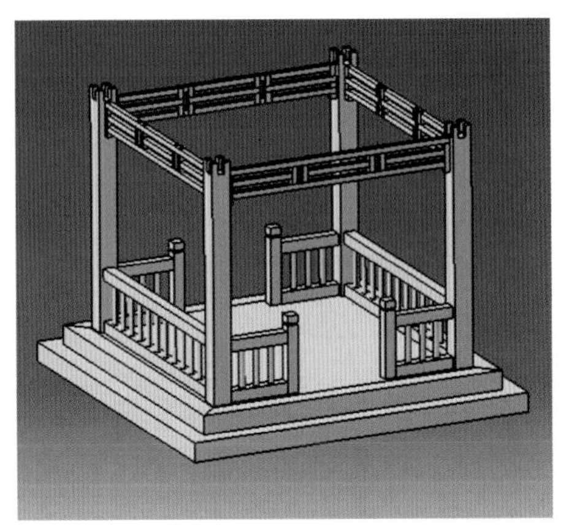

图 4-1-9 台基建模

檐垫枋与斗拱建模：建一个檐垫枋，然后复制调整四根，再建斗拱模型，与前面模型组合，如图 4-1-10 所示。

天花枋与金柱建模：这两个建模、空间组合相对复杂，要善于使用旋转角度捕捉和 2.5D 移动捕捉，组合效果如图 4-1-11 所示。

雷公柱与檐檩建模：该结构需要构建拉纤金柱结构和设立攒顶结构支撑，如图 4-1-12 所示。

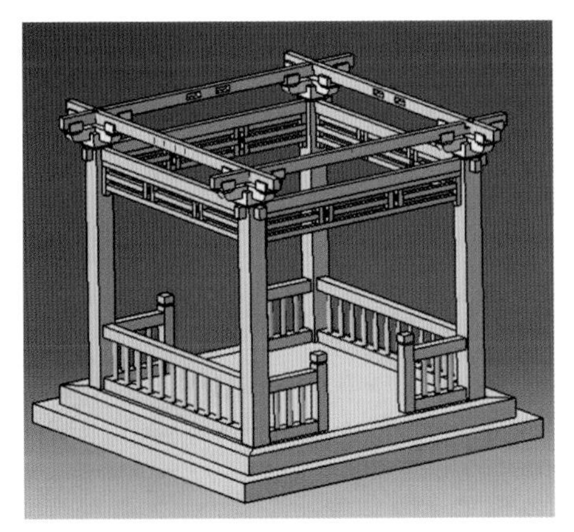

图 4-1-10 檐垫枋与斗拱建模

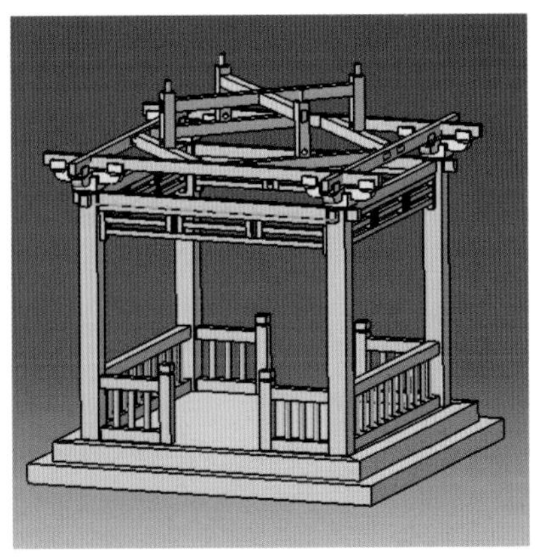

图 4-1-11 天花枋与金柱建模

图 4-1-12 雷公柱与檐檩建模

戗脊与宝顶建模：戗脊的建模虽然由长方体而来，但在编辑对象位置中要结合坐标系统编辑和旋转角度捕捉技能，如图 4-1-13 所示。

屋瓦面建模：屋瓦面的建模是这个模型建模的最后一步，注意编辑模型和角度设置捕捉，如图 4–1–14 所示。

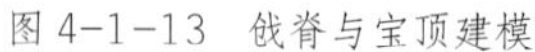

图 4-1-13　戗脊与宝顶建模

图 4-1-14　瓦面建模

总结：在设计制作一个虚拟三维场景前，我们要对设计制作对象做调查分析，在了解的基础上才能改造它，进而设计有创意的场景。在亭子的设计制作中，我们首先查阅了有关中国古建筑的特色、建筑结构形式等方面的知识，对设计制作对象有了一个思维铺垫。接下来我们分析了中国传统亭子的结构形式，为建立模型提供了事实参考依据，不至于在建模过程中手忙脚乱。当然，场景是有主题针对性的，我们需要结合项目的主题思想，设计制作虚拟三维场景。

第二节　“宝格丽”游戏场景设计制作

本节的虚拟场景是一款三维游戏场景。游戏以一个微城市为背景，模拟城市生活的环节，有家庭生活、上学、购物、娱乐、交通等内容，玩家对象定位为少年儿童。游戏既有娱乐性，又有学习性和教育性，是寓教于乐的一款少年儿童游戏，如图 4–2–1 所示。

图 4-2-1　“宝格丽”游戏

一、“宝格丽”游戏场景的设计表现

“宝格丽”游戏将精湛的场景创意设计理念与高端的电脑技术相结合，塑造一个卡通动漫式的城市场景，让用户既有身临其境的空间交互体验，又给该年龄段用户以艺术感，尤其是其强烈的视觉冲击力，是它独特的三维场景艺术特色。在孩子的娱乐游戏世界里，大部分是二维或假三维空间的游戏，而本游戏的三维场景相对二维场景在深度空间的表现上更具真实感，整体画面效果受场景光源的影响，会产生不同的环境氛围。

当然，该游戏对设计制作人员的技术能力及艺术概念的理解能力提出了更高的要求。整个画面的色彩、形体结构、场景远中近景各个层次的前后变化，及各个层次建筑的透视关系、色彩关系、虚实关系等要素，要求相互协调，和谐统一。

（一）把握作品是少年儿童游戏的主题与基调

场景的设计手法切入了整个作品的主题，紧紧围绕主题进行，少年儿童的审美习惯反映于场景的视觉形象中。使用卡通动漫的形象与色调出色地表现了场景的视觉形象，如图 4-2-2 所示。

图 4-2-2　主题基调

（二）营造城市生活的气氛

场景气氛的营造是场景设计的重要工作。本游戏场景设计制作了城市的白天、夜晚等不同的环境，给用户带来了真实的城市生活感受。在游戏中设计了和真实城市一样的各种建筑群，但又不是简单地模拟真实城市的建筑形象，而是使用符号化、动漫化、体现功能化的建筑形象，在真实与夸张之间找到一种统一和平衡，浓缩现实，这种真实感源自少年儿童比成年人更有趣的社会认知及审美情趣。游戏巧妙的气氛营造、真实感和适当的取舍夸张，构成了虚拟的城市。

（三）游戏虚拟场景空间的表现

“宝格丽”游戏场景空间以表现城市生活为主题，虚拟了城市景观、建筑、道具、人物、装饰等，应用卡通动漫式的建筑景观、高纯度色彩、明亮的太阳光及璀璨的星空表现空间效果。丰富的场景设计最恰当地表现了游戏虚拟场景，最快、最准确地传达出游戏的信息，并突出主题，使用户在丰富生动的视觉效果作用下，沉浸其中，娱乐其中，如图 4-2-3 所示。

图 4-2-3　场景的空间表现

二、“宝格丽”游戏场景的制作表现

三维虚拟场景设计制作最终的呈现是一个作品画面，是一个赋予艺术造型设计的艺术作品。在“宝格丽”游戏设计制作中，设计师保持了良好的审美、构图、空间造型等能力。作品中的布局场景形态、模型造型、模型贴图绘制、灯光色彩氛围把控、场景镜头调制等，无不体现设计师的艺术造型能力和空间想象力。

三维模型的塑造：设计制作师使用 3D Max 软件的“编辑多边形”模型制作手法，并保持了对卡通动漫的扎实功底，塑造了城市场景中各个功能建筑模型，最后组成一个动漫式的“微城市”空间，如图 4-2-4 所示。

图 4-2-4　场景模型制作

绘制材质：三维空间模型设计制作过程中，绘制贴图是非常关键的一步，就像一个人穿什么风格的衣服就具有什么样的气质，房子装修成什么样的风格就体现什么样的文化。材质贴图的绘制又一次体现了设计制作师的艺术功底，体现了设计师塑造模型的风格、质感、场景氛围的能力。在本游戏场景模型的材质绘制方面，设计师通过使用强对比的纯色、干净明快的色块，打造了一个符合少年儿童色彩审美需求的材质色彩，在材质质感和材质纹路上也表现得淋漓尽致。经过材质的烘托，游戏场景效果如图 4-2-5 和 4-2-6 所示。

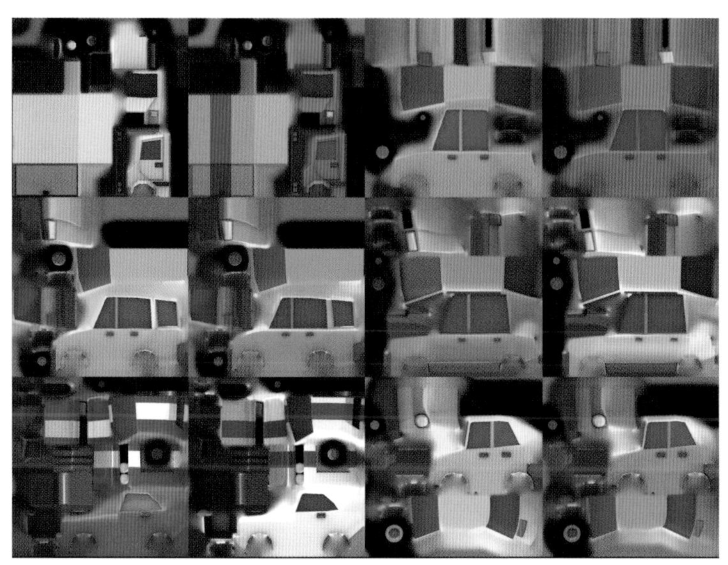

图 4-2-5　汽车材质贴图制作

图 4-2-6　道路材质贴图制作

模型材质赋予效果：材质的赋予是给模型穿衣服，通过 3D Max 的材质编辑器，将绘制好的材质赋予模型，调整材质贴图坐标，再在编辑器中设置高光、反射、凹凸、透明度等效果，最终得到一个场景模型的形象。模型的形象影响场景空间的形象，所以在赋予模型材质的过程中，要有娴熟的技能，又要有细致的工作习惯，必须精细地处理好模型各个面的材质关系。“宝格丽”游戏场景个体模型贴图效果如图 4-2-7 和 4-2-8 所示。

图 4-2-7　赋予建筑模型材质（一）

图 4-2-8　赋予建筑模型材质（二）

合并场景模型：当我们把场景中的模型基本设计制作完毕后，我们需要将独立的个体模型按设计规划合并到场景中，形成一个整体的三维虚拟空间。因为在建模过程中，我们将场景中各个组成要素单独进行模型创建，难免会使模型之间缺乏协调，所以，我们在合并场景模型后，还必须对场景中的模型进行总体的协调调整，使之有机和谐地共处于场景中，共同为场景空间的塑造服务。“宝格丽”游戏在塑造微城市环境中，一共设计制作了 22 个不同形式的模型，包括不同的房屋建筑、交通道路道具、汽车等。但 22 个模型对象无法完全塑造一个城市空间。这个时候，我们就要按照设计规划对模型进行复制、组合，在复制组合过程中尽量做出多种不同的组合方式，在临近的街道区域使用不一样的组合形式，尽量避免雷同。通过不断地推敲研究，“宝格丽”游戏组成了符合微城市游戏的场景，如图 4–2–9 和 4–2–10 所示。

图 4-2-9　场景效果（一）

图 4-2-10　场景效果（二）

总结：“宝格丽”微城市游戏三维虚拟场景在空间塑造上表现了游戏主题，其卡通动漫的表现手法、前对比的纯色材质符合游戏定位少年儿童的审美需求，在空间组织上显得轻松、活泼，富有趣味性，充分体现了设计制作人员优秀的文化艺术素养、扎实的艺术表现能力和高超的空间塑造技能。游戏作品推出后，将会获得少年儿童的喜欢。

第三节　其他虚拟场景设计制作案例

一、“四合院”虚拟场景

这是一个借鉴我国传统民居“四合院”的虚拟场景，在此基础上，大胆使用红色作为建筑主色调，既强调了中国传统又增强了视觉冲击力，整个场景表现得既庄重又松弛有度，如图 4-3-1 和 4-3-2 所示。

图 4-3-1　四合院大门

图 4-3-2　四合院内院

二、“南薰殿”虚拟场景

这是一个寺庙建筑空间的虚拟场景，因建筑建于山上，故设计师设计了一个雄伟的纵向的向上空间，材质绘制细腻，渲染用光考究。这是一个制作表现优秀的作品，如图 4-3-3、4-3-4、4-3-5 所示。

图 4-3-3　南薰殿向上的台基

图 4-3-4　南薰殿主殿

图 4-3-5　南薰殿屋顶